世界を変えた6つの飲み物

――ビール、ワイン、蒸留酒、コーヒー、紅茶、コーラが語るもうひとつの歴史

トム・スタンデージ

新井崇嗣 訳

A HISTORY OF THE WORLD IN 6 GLASSES
by Tom Standage

○○○目次○○○

両親に捧げる

プロローグ

生命の液体

プロローグ

生命の液体

人類の歴史というものは存在しない。
あるのは、人間の生活のあらゆる側面に関する多くの歴史だけだ。
——カール・ポパー(科学哲学者、一九〇二～九四年)

のどの乾きは、空腹よりも重大な死活問題だ。人は食べ物がなくても、二、三週間は生きられるかもしれないが、飲み物がないと、よくてせいぜい二、三日しかもたないだろう。水分は呼吸に次いで重要なのである。何万年もの昔、小さな集団で狩猟採集生活をしていたわたしたちの祖先は、新鮮な水を十分に確保するために、川や泉、湖の近くで暮らさなければならなかった。水を溜める、あるいは運ぶことは技術的に非常に難しかったからだ。いかにして水を確保するかという問題が、人類の進歩の方向性を決め、発展に向けた第一歩を踏み出させたのである。以来、飲み物はわたしたちの歴史を形成し続けている。

水の優位性を水以外の飲料――自然のものではなく、人の手によって作り出された飲料――が脅かすようになったのは、ほんの一万年前のことだ。それらは、細菌に汚染された危険な水に代わる、より安全な飲料を人間の居住地に供給するだけではなく、さまざまな役割を担ってきた。多くは通貨代わりとして、宗教行事の必需品として、政治的シンボルとして、あるいは哲学的・芸術的発想の源として利用されてきた。選民の権力と地位を際立たせる役をはたすものもあれば、虐げられた者たちを従属させる、あるいはその不満を鎮める役割をはたすものもあった。飲み物は人間の誕生を祝い、死を悼み、社会的絆を構築し強化するためにも、仕事上の取引や契約を成立させるためにも、感覚を研ぎ澄ます、あるいは思考力を鈍らせるためにも、命を救う薬としても、命を奪う毒薬としても使われている。

歴史がさまざまな変遷を経てきたように、石器時代の集落から、古代ギリシアの食堂、あるいは啓蒙運動が起きた一七~一八世紀のヨーロッパのコーヒーハウスまで、時代や地域、文化に応じて、さまざまな飲み物が人気を博した。どの飲み物も特有の必要性を満たしたときに、あるいは歴史的傾向と合致したときに、多くの人々に受け入れられている。飲み物が思いも寄らない形で歴史の流れに影響したこともある。ならば、考古学者が石器時代、青銅器時代、鉄器時代と主要な道具の材質で歴史を分けるように、各時代の中心的存在だった飲み物によって世界史を区分けすることもできるはずだ。とりわけビール、ワイン、蒸留酒《スピリッツ》、コーヒー、茶、コーラの六種類の飲み物には、世界の歴史の流れが記録されている。三つはアルコールを、三つはカフェインを含んでおり、統一性はないが共通点が一つある。どれも古代から現代にまで至る歴史の転換点において、各時代を特徴づけてきた飲み物なのだ。

人類の近代化に向けた歩みは、農耕を取り入れたことから始まった。およそ一万年前、近東で穀物を栽培したのが最初で、これにともない原始的なビールが登場した。それからおよそ五〇〇〇年後、最初の文明がメソポタミアとエジプトで誕生する。いずれも、大規模な組織的農業が生み出した穀物の余剰分の上に成り立っていた。このような農業の確立により、ごく一部の人々が畑で働く必要性から解放され、神官、官吏、書記、工芸家となる。ビールはこの世界最古の都市の住人や、初めて書き物を残した人々の身体を滋養しただけではない。彼らに対する報酬や配給もまたパンとビールだった。穀物が経済の基盤だったからである。

紀元前一〇〇〇年頃、古代ギリシアの都市国家群のなかで発展し、栄華を極めた文化は、哲学、政治学、科学、文学など、今も近代西洋思想を支える学問を育んだ。ワインはこの地中海沿岸の文明にとって欠かせない活力源であり、広範な海洋交易の基盤だった。交易を通じて、ギリシアの思想はさらに普及した。正式な酒宴「シュンポシオン」において、人々は水で薄めたワインを一つの盃で回し飲みながら、政治や詩や哲学について語り合った。ローマ帝国の時代も、ワインを飲む習慣は続いた。ローマ人は厳格な階層制度を反映させて、ワインを細かく格づけした。ワインに対して、世界の二大宗教は相反する態度を取った。キリスト教の聖餐の儀式において、ワインは中心的役割を担っているが、ローマ帝国の崩壊とイスラム教の台頭後、ワインはその誕生の地で禁止されることとなった。

ローマの没落から千年後、ギリシアおよびローマの知識の再発見が引き金となり、西洋思想の復興が起きる。その知識の大半は、アラブ世界の学者が守り、拡大してきたものだった。同時に、ヨーロッパの探検家たちは、アラブの独占状態だった東方との貿易に割って入りたいという思いに突き動かされて海を渡り、西はアメリカ大陸、東はインドおよび中国に達する。これにより大航海路が確立され、ヨーロッパ諸国は競い合うようにして地球を分割し、領土を広げていく。この大航海時代に新種の飲み物が登場する。蒸留という古代世界に伝わる錬金術の一プロセスに、アラブの学者が大幅に改良を加えて誕生した飲み物である。これによって、コンパクトで長期保存の利く、海洋運搬により適したアルコール飲料の生産が可能になった。ブランデーやラム、ウィスキーといった蒸留酒は奴隷売買の際の通貨代わりとして、特に北米の植民地でもてはやされた。これらの飲み物は激しい政治的対立の原因となり、アメリカ合衆国の建国に重要な役割を担った。

領土の拡大に続いて、知性の拡大も起きる。西洋の思想家たちは、古代ギリシア人から受け継いだ思想を越えることを目指し、科学、政治、経済の新たな理論を生み出した。この理性の時代に主流となったのが、中東からヨーロッパにもたらされた神秘的でしゃれた飲み物、コーヒーである。その後またたくまに各地に登場したコーヒーハウスは、アルコール飲料を売る酒場とは性格をまるで異にする、商売、政治、学問について語るための場となった。コーヒーには頭脳を明晰にする働きがあるとされ、科学者や実業家、哲学者らは、理想的な飲み物としてこれを重宝した。そして、コーヒーハウスでの議論が数々の科学界、新聞社、金融機関の誕生につながり、とりわけフランスでは、進歩的な思想を生む肥沃な土壌を人々に提供した。

ヨーロッパのいくつかの国々、特にイギリスでは、中国から輸入された茶がコーヒーの王座を揺るがすことになる。ヨーロッパで茶の人気が高まったことで、大金を稼げる東方との交易路が開き、巨大な規模の帝国主義と工業化の基礎が作られ、イギリスは世界で初めて地球規模における超大国となった。茶がイギリスの国民的飲料になると、茶の供給を安定化させたいという思いが、イギリスの対外政策に非常に大きな影響を与え、これがアメリカ合衆国の独立、中国の古代文明の影響力の衰退、インドにおける茶の大規模生産体制の確立につながった。

人工的に炭酸を加えた飲み物は一八世紀後半にヨーロッパで生まれたが、清涼飲料水はそれから百年後のコカ・コーラの発明とともに登場する。もともとアトランタの薬剤師が作った〝気つけ薬〟だったコーラは、その後アメリカの国民的飲料となり、合衆国の超大国への変身をあと押しする消費者資本主義の象徴となった。二〇世紀のあいだ、世界各地で戦争を続けたアメリカ兵たちとともに旅を続けたコーラは、ついには世界一の流通量を誇る世界一有名な製品となり、現在では単一の世界市場の形成という、賛否両論ある趨勢《すうせい》の代表と考えられている。

飲み物は一般に考えられているよりも密接に歴史と結びつき、人類の発展に大きな影響を与えている。だれがなにをなぜ飲んだのか、そしてその飲み物はどこで生まれたのか、といった一連の流れを理解するためには、農業、哲学、宗教、医学、技術、商業など、普通に考えればまるで無関係な数多くの分野の歴史を包括する調査が欠かせない。本書で取り上げた六つの飲み物の歴史には、異なる文明間の複雑な相互作用と、異文化同士の相関性が証明されている。これらの飲み物はどれも、過ぎ去った時代の様子を伝える生きた証拠として、また近代世界を形成した力の証として、今もわたしたちの身近に生き長らえている。それぞれの歴史を知ってほしい。そうすれば、お気に入りの飲み物が今までと違って見えることだろう。

第1部

メソポタミアとエジプトのビール

第1章 石器時代の醸造物

発酵と文明は切っても切れない仲だ。
――ジョン・チアーディ（アメリカの詩人、一九一六〜八六年）

先史時代の名残

約五万年前にアフリカ大陸を出た人間は、三〇ほどの小さな集団に分かれて移動し、洞穴、小屋、あるいは皮製のテントに住んだ。彼らは動物を狩り、魚や貝を捕り、食用の草木を集め、季節の食べ物を求めながら、野営地から別の野営地へと移動した。使用した道具は主に弓矢、釣り針、針などである。ところが、およそ一万二〇〇〇年前に驚くべき変化が起きる。現在の近東地域に住んでいた人々が狩猟採集という旧石器時代の生活様式を捨て、農耕を始めたのである。人々は定住して村落を作り、これが最終的に世界初の都市の誕生につながった。彼らはまた、陶器、車輪のついた乗り物、書き物など、新たな技術も数多く生み出した。

約一五万年前、アフリカに解剖学的にみた〝現代人〟、すなわちホモ・サピエンス・サピエンスが誕生して以来、水は人類にとって欠かせない飲み物だった。水は生命の根幹をなす重要な液体である。人間の身体の三分の二は水からできており、水分なしでは、地球上のどんな生物も生きられない。だが、狩猟採集から定住に近い生活様式への変化をきっかけに、人類は水に代わるものを飲み始める。最初に栽培した作物、大麦と小麦を原料とするこの飲み物が黎明期の文明を支え、社会、宗教、経済生活において中心的役割をはたすことになる。人類が近代化への第一歩を踏み出すきっかけを作った飲み物——ビールである。

メソポタミアのテペ・ガウラで見つかった印章の絵文字で、紀元前4000年頃のもの。ふたりの人物が大きな陶製のかめからストローでビールを飲む姿が描かれている。

最初のビールがいつ作られたのかは、正確にはわかっていない。紀元前一万年以前にビールが存在しなかったのはほぼ間違いないが、紀元前四〇〇〇年までには、近東一帯に普及していた。現代のイラクに当たる地域、メソポタミアの絵文字に、ふたりの人間が大きな陶器からアシのストローでビールを飲む図が描かれている（古代のビールの表面には、穀物の粒や殻、そのほかのごみが浮いていたので、ストローが必要だった）。

人類最古の書き物は紀元前三四〇〇年頃のものであるため、ビールの起源を明らかにする記録は残っていない。だが、ビールの登場が農耕の開始と、原料である穀物の栽培と深く結びついていることはたしかだろう。人々の生活様式が移動型から定住型に移行し、その後、複数の都市が誕生したことからも明らかなように、社会は急速に複雑化していく。人類の歴史が大きく変化したこの時期に、ビールは登場したのだ。ビールは先史時代の名残であり、その起源は文明の起源と密接に結びついている。

ビールの発見

ビールは発明されたのではなく、発見された。紀元前一万年頃に最後の氷河期が終わり、野生の穀物の群生が肥沃三日月地帯として知られる地域一帯に見られるようになる。この地でビールが発見されたのは必然だった。肥沃三日月地帯は今のエジプトから北は地中海岸、トルコの南東の端からイラクとイランの国境までを指す地域で、たまたま三日月の形をしていたことからこの名がついている。氷河期が終わると、この地域の高地には野生の大麦や小麦などが生い茂り、野生の羊、山羊、豚にとって理想の環境となった。そこはまた、狩猟採集のために移動を続ける人間の集団にとっても、ほかではあり得ないほど大量の穀物を一年中提供してくれる場所だった。彼らは動物を狩り、食用の草木を取るだけでなく、この地域に群生する野生の穀物も採集したのである。

　穀物は地味ではあるが、食料源として頼りになる存在だった。生のままでは食用に適さないが、粗く砕くか、つぶすかして水に浸せば、食べられるようになった。最初の頃、穀物類はスープに入れて食べられていたようだ。魚類、ナッツ類、ベリー類といったさまざまな食材をしっくい、あるいは瀝青《れきせい》で裏打ちしたかごに張った水に入れる。次に、火にくべて熱した石を先の割れた棒でつかみ、食材の入った水のなかに入れて調理したと考えられている。穀物には小さなでんぷんの粒が含まれており、湯に入れると、殻が水分を含んで破裂し、でんぷんが溶け出して非常に濃厚なスープになる。

　穀物にはほかにも独自の特質があることを、人々はまもなく発見する。ほかの食材と違い、穀物は乾燥させたまま安全な場所に置いておけば、収穫から数ヵ月、あるいは数年間も保存が利いたのである。スープを作る食材がほかに手に入らないときは、穀物だけを入れて、濃いかゆか薄いスープにした。この発見が、穀物の採集、加工、貯蔵の道具と技術の発達につながった。もちろん、かなりの苦労はあっただろうが、これで食べ物が不足する事態に備える方法が確立されたのである。肥沃三日月地帯の全域から、穀物収穫用の石刃鎌《かま》、運搬用のかご、乾燥用の石炉、貯蔵用の地下の穴、加工用の石うすなど、紀元前一万年頃のものと思われる考古学的証拠が見つかっている。

　狩猟採集時代も、人々は完全な移動型ではなく、一時的、もしくは季節ごとに替える野営地のあいだを行き来するという半定住型の生活を送っていたのだが、穀物を貯蔵できるようになったことで、一所にとどまる傾向がよりいっそう強くなる。一九六〇年代に行われた実験が、その理由を明かしている。ある考古学者が石刃鎌を使い、トルコのいくつかの地域に生えている野生の穀物を採り、先史時代の収穫の効率を調べたところ、一時間で二ポンド（約九〇〇グラム）以上を収穫することができたという。つまり、一家族が一日八時間、三週間作業を続ければ、一人当たり年間一日一ポンド（約四五〇グラム）の穀物を食べるのに足る量を収穫できたという計算になる。ただし、そのためには収穫に最も適した時期を逃さないよう、家族全員が野生の穀物の群生地のそばに居続ける必要がある。また、一度大量の収穫を経験したら、その場所を放置し、だれかにやすやすと明け渡したいとは思わなかったに違いない。

こうして人類は各地で定住を始める。紀元前一万年頃の地中海東岸は、その一例だ。住居は土に穴を掘って建てた簡単な作りの円形の小屋で、屋根は木柱で支え、床は地面から一ヤード（約九〇センチメートル）くらい掘り込んであった。普通、小屋には炉があり、床には石が敷かれ、直径四～五ヤード（約三・六～四・五メートル）ほどの大きさだった。約五〇戸の小屋からなる村が一般的で、二〇〇～三〇〇人が暮らす共同体を形成した。人々はガゼルや鹿、猪といった野生動物の狩りも続けていたが、発掘された骨から、主にどんぐり、レンティル、ひよこ豆、穀物といった植物中心の食事だったのではないか、と考えられている。この時点ではまだ、耕作ではなく、野生のものを採集していた。

穀物は最初、それほど重要な食材とは考えられていなかったが、ほかにはない二つの特性が発見されて以降、その重要性が増す。一つは、穀物を水に浸すと発芽を始め、甘みを出すという性質である。貯蔵穴をまったくの防水にすることは困難だったため、人類は穀物の貯蔵を始めてすぐに、この特質に気づいたのではないかと思われる。甘みが生じるのは酵素の働きによるものだ。湿った穀物はジアスターゼという酵素を作り、この酵素がでんぷんを麦芽糖または麦芽に変える（この過程はどの穀類でも起きるが、ジアスターゼを最も多く産出し、麦芽糖を最も多く作るのは大麦である）。糖を得られる食べ物がほかにほとんどなかった当時、この麦芽化した穀物の甘みは大変に重宝され、そのため穀物を最初に水に浸してから乾燥させるという麦芽製法の開発が促されたのだろう。

もう一つはさらに重大な発見だった。穀物の薄いかゆ、特に大麦麦芽を数日間置いておくと、不可思議な変化が起きることに人々は気づく。このかゆは軽い発泡性の液体に変化し、飲む者を軽く心地よくさせた。大気中の酵母によって液体に含まれる糖がアルコールに変化したためである。つまり、穀物のかゆがビールになったというわけだ。

ただし、ビールは必ずしも人類が初めて口にしたアルコール飲料だとは限らない。果物あるいははちみつの貯蔵を試み、結果的に少量の果汁ないしは水とはちみつが偶然に発酵すること（それぞれワインとはちみつ酒）は、ビールが発見された当時からごく普通に起きていたはずである。しかし、果物は季節もので腐りやすく、自然のはちみつは限られた量しか採れなかった。しかも、紀元前六〇〇〇年頃に初めて登場する陶器がなければ、ワインもはちみつ酒も長期保存はできなかった。一方、ビールの原料となる穀物は豊富にあり、保存も簡単だったため、ビールは欲しいときにある程度の量を確実に作ることができたのである。陶器が登場するはるか以前から、ビールは瀝青で裏打ちしたかご、皮袋か動物の胃袋、なかをくりぬいた木、大型の貝殻、石の器のなかで醸造されていた。アマゾンでは一九世紀まで貝殻を料理に使っていたし、フィンランドの伝統的ビールのサハティは現在でもくりぬいた木のなかで醸造されている。

ビールという大発見のあと、人々は試行錯誤を繰り返しながら、質の向上に努めた。たとえば、原料の薄かゆに麦芽が多く、発酵期間が長いほど、アルコールの強いビールができる。麦芽が多いと糖が多くなり、発酵期間が長いと、より多くの糖がアルコールに変わるからだ。また、原料の薄かゆを完全に沸騰させても、同じくアルコール度数の高いビールができる。麦芽の製造過程では、大麦に含まれるでんぷんのわずか一五パーセントしか糖に変わらないが、大麦麦芽に水を加えて沸騰させると、高温で活性化するほかのでんぷん糖化酵素（アミラーゼ）が、より多くのでんぷんを糖に変える。つまり、酵母によってアルコールに変わる糖の量がそれだけ増える、というわけだ。

古代の醸造者たちはまた、醸造の際に同じ容器を繰り返し使うと、より確実な結果が得られることにも気づいていた。後世のエジプトとメソポタミアの史料によると、醸造者たちはつねに自前の〝麦芽汁用おけ〟を持ち歩いていたという。「よりよいビールを作る容器」が登場するメソポタミアの神話もある。同じ容器を繰り返し使うことで発酵がうまくいくのは、容器のひびや裂け目のなかに酵母培養液が残り、不確実な自然の酵母菌に依存しなくても済んだからである。また、ベリー類、はちみつ、香辛料、香草類やそのほかの香料を原料の薄かゆに加えると、さまざまな風味のビールができた。その後数千年のあいだに、人々はさまざまな状況に合わせて、アルコール度数と風味の異なるビールの作り方を発見したのである。

のちの時代のエジプトの記録には、少なくとも一七種類のビールについての記述があり、なかには、まるで詩の一節か、宣伝用のキャッチコピーかと思えるような名のビールもある。たとえば「美と善」「無上」「喜びをもたらすもの」「食事の伴《とも》」「豊か」「発酵飲料」などで、種類ごとに違う名称で呼ばれていた。また、宗教的行事に用いられたビールにも特別な名前がついていた。紀元前三〇〇〇〜二〇〇〇年代のメソポタミアの記録にも同様に、フレッシュ・ビール、ダーク・ビール、フレッシュ・ダーク・ビール、ストロング・ビール、レッド・ブラウン・ビール、ライト・ビール、プレスト・ビールなど、二〇種類以上のビールが記載されている。ちなみにレッド・ブラウン・ビールは麦芽の量を多くして作るダーク・ビールで、プレスト・ビールは原料の穀物が少なく、アルコールの弱い水っぽいビールである。メソポタミアの醸造職人たちは、バッピアと呼ばれるビール・パンの量を変えることで、ビールの味と色を調節することもできた。バッピアは、発芽した大麦を小さな直方体にしたものを二度焼きして作る、こげ茶色で固い、イーストを使わないパンで、醸造職人が砕いて樽に入れるまで、何年間も保存が利いた。記録によると、バッピアは村の共同倉庫で保管し、食べ物が不足したときにだけ食べたというから、食材というよりは、ビールの生原料を保存するための便利な手段として重宝されたのだろう。

醸造にパンを使うというメソポタミア人の手法は、考古学者のあいだで激しい議論の的になっている。パンはビール製造の派生物だったに違いないと言う者もいれば、先にパンが誕生し、その後ビールの原料として使われるようになったと主張する者もいるのだが、パンもビールも穀物のかゆからできたというのが、最も妥当な考えではないだろうか。濃いかゆは天日で焼くか、あるいは石焼きにして平たい円形のパン、フラット・ブレッドを作るのに使い、薄いかゆは発酵のために寝かせてビール作りに使ったのだろう。両者はいわばコインの表と裏のようなもので、パンは硬いビールであり、ビールは液体のパンだったのである。

神々からの贈り物

紀元前九〇〇〇～四〇〇〇年の新石器時代、文字はまだ発明されていなかったため、当時の肥沃三日月地帯におけるビールの社会的、宗教的重要性を立証する記録はない。しかし、文字を持った最初の文明、すなわちメソポタミアのシュメール人と古代エジプト人がどのようにビールを扱ったのかを示す記録から、多くを推測することができる。実際、ビールに関連する文化的伝統は大変根強く、今日まで残っているものもある。

ビールは初めから社会的な飲み物として重要な機能を持っていたようだ。紀元前三〇〇〇～二〇〇〇年代のシュメール人のものとされるビールの絵は、一つの容器に入ったビールをふたりの人間がストローで飲んでいる、というのが一般的だ。ところが、シュメール人の時代にはすでにビールを漉《こ》して、穀物の粒やもみ殻、そのほかのごみを取り除くことができたはずで、しかも陶器の出現は、各自が容易にめいめいのカップでビールを飲めたことを意味している。にもかかわらず、ストローでビールを飲む絵が数多く描かれているということは、ストローが不要になってもなお、この習慣が一つの儀式として残っていたことを示唆している。

理由はおそらく、食べ物と違って飲み物の場合は、正真正銘、同じものを分かち合うことができることと関係があるのだろう。たとえば肉を切り分けると、大抵は好ましい部分とそうでない部分という差が生じる。しかし、共通の容器に入ったビールを数人で分け合えば、だれもが同じものを飲む。そのため、同じ飲み物を分け合うのは、歓待と友情を示す世界共通の象徴とされているのである。飲み物を皆で分け合うのは、毒は入っていない、飲むにふさわしいものだと実証することで、給仕する者が信頼できると知らしめる合図である。もっとも、各自がめいめいのカップを使う以前、原始的な容器で醸造された最初期のビールは、同じ容器から分け合って飲むしかなかったのだろう。今日では客人にストローを出し、一つの大だるに入ったビールを皆で飲むという習慣は残っていないが、茶やコーヒーを一つのポットから注いだり、ワインや蒸留酒を一本の瓶から皆のグラスに注いだりすることは行われている。人々が乾杯の際にグラスとグラスを合わせるのは、たがいのグラスを一つにして、同じ容器に入った同じ飲み物を飲むということを象徴的に示している。いずれも、古代に起源を持つ伝統である。

同じく古代に起源を持つのが、飲み物、とりわけアルコール飲料には超自然的な性質があるという考えだ。新石器時代の人々にとって、ビールを飲むと酔っぱらい、意識が変化するのは、不思議なことだった。同じく、ただのかゆをビールに変える発酵という過程も不思議だった。ビールは神々からの贈り物、という結論に行き着いたのも、しごく当然なことだろう。だからこそ、神々がビールを発明し、その作り方を人類に教えたとする神話が数多く残っているのである。たとえばエジプト人は、ビールは農業の神で冥界の支配者でもあるオリシスによって偶然発見されたと信じていた。ある日、オリシスは発芽した穀物に水を混ぜたものを太陽の下に放置したまま忘れていた。戻ってみると、液体は発酵していた。それを飲み、すっかり気に入ったオリシスは、その知識を人類に伝えたという（この神話は、石器時代のビール発見の経緯とされている説とほぼ一致する）。ビールを飲む習慣があったほかの文化にも、同じような神話が残されている。

ビールは神々からの贈り物なのだから、ビールを神に捧げるのも理にかなう行いだった。ビールはシュメール人とエジプト人の宗教儀式、豊穣祈願の儀式、葬儀で使われており、もっと以前から宗教用に用いられていたと考えていいだろう。実際、南北アメリカ大陸やアフリカ大陸、ユーラシア大陸など、ビールを飲む習慣を持ついずれの文化でも、ビールは宗教的に重要な存在だったようだ。インカ人はチチャと呼ばれるビールを金のカップに入れて、昇る太陽に捧げ、大地の神々への供物として地面に注ぐか、最初の一口を地面に向かって吐いた。アステカ人はプルケと呼ばれるビールを多産と豊穣の女神マヤウェルに捧げた。中国では、アワと米から作ったビールを葬儀ほかの儀式で用いた。杯を掲げ、人々の健康、幸せな結婚、死後の安らかな眠りを祈ったり、事業の成功を祝ったりすることは、アルコール飲料には超自然的な力を喚起する威力があるという古代思想の名残なのである。

ビールと農耕、近代化への種

ビールは農業の導入という人類史上の重要な転換点において中心的役割を担ったのではないか、と言う人類学者さえいる。実際、農耕によって食物の余剰が生まれ、食べ物を作る必要性から解放された人々がある種の活動および工芸に従事できるようになり、人類は近代化に向けて歩み始めた。この変化が最初に起きたのは紀元前九〇〇〇年頃の肥沃三日月地帯で、人々は食用および貯蔵用に、たんに野生の穀類を採集する代わりに、大麦と小麦の耕作を始めたのである。

狩猟採集から農耕への切り替えは、数千年のあいだに、耕作した作物の食物としての重要性が少しずつ増していくにともなって徐々に行われたのだが、人類の長い歴史から見ると、それは一瞬の出来事だった。人類はおよそ七〇〇万年前に猿から進化して以来、ずっと狩猟採集を続けていた。それが突然、農耕を始めたのである。農耕になぜ、そしていつ切り替えたのかについては正確なところがわからず、今も激しい議論が交わされており、諸説が存在する。たとえば気候の変化か、なんらかの種が死に絶えた、もしくは狩りのしすぎで獲物が絶滅したために、肥沃三日月地帯の狩猟採集民が手にできる食物の量が減少したから、と言う者もいる。また、より定住型に近い生活（狩猟採集は依然続けていたが）を送るようになったことで多産になり、人口が増えて、食べ物の新しい供給源が必要になったため、とする説もある。あるいは、ビールの発見以降、その消費が社会的、宗教的に重要になり、野生の穀類に頼る代わりに、耕作で穀物を確保したいという欲求がさらに大きくなった、という見方もある。この見解によれば、農耕の導入はビールの供給を維持するためでもあった、ということになる。

農業の導入をすべてビールのおかげとする見方は魅力的ではあるが、実際のところ、ビールの消費は狩猟採集から農耕と小さな集落を基盤にした定住型の生活様式への移行をあと押しした多くの要因の一つにすぎない、と考えるのが最も妥当だろう。そして、いったん移行が始まると、もはやあと戻りはきかなかった。特定の地域社会による食物生産の手段として、人々の農耕に対する依存度が増し、その地域社会の人口が増えるほど、狩猟採集にもとづく以前の移動型の生活様式にはますます戻り難くなったのである。

ビールの消費は、もっと微妙な形で農耕への移行をあと押ししたとも考えられる。ビールの長期保存は難しく、完全発酵には一週間かかったので、ほとんどのビールはそれよりもかなり早い時期に、まだ発酵中の段階で飲まれていたと思われる。そうしたビールは、現在のものと比較するとアルコール度数は低いが、酵母が豊富に浮遊しており、したがって酵母に含まれるタンパク質とビタミン類もかなり多かったはずだ。生活様式が狩猟型から農耕型に移ったことで、特にビタミンBの一般的な摂取源である肉類の消費は減少したが、ビールがその不足分を補う働きをしたのだろう。

さらに、ビールは水を沸かして作ったため、たとえ小さな集落であっても、人間の排泄物ですぐに汚染されてしまう生水より安全な飲み物だった。汚染された水と病気との関係性が理解されるのは近代になってからだが、人類は早い時期に、素性の知れない水を警戒し、可能な限り人間の居住地から離れたきれいな川の水を飲むことを覚えている（狩猟採集民の場合、飲み水の汚染について心配する必要はなかった。小さな集団で移動生活を送り、別の場所に移るたびに排泄物を残していったからだ）。つまり、ビールは農耕の導入による食べ物の質の低下を補う、安全な飲み物として、集落の人々の滋養となったのである。

紀元前七〇〇〇～五〇〇〇年にかけて、栽培する植物と飼育する動物（最初は羊と山羊）の数が増え、新しいかんがい技術のおかげで、メソポタミアやエジプトのナイル川流域といった気温の高い低地でも耕作が可能になり、農耕は肥沃三日月地帯全域に広がる。多くが粘土の壁とアシを敷いた小屋で、日干しレンガ作りのかなり大きい建物がいくつかあるというのが、この時代の典型的な農村の姿だった。村の周囲の畑では穀類やナツメヤシ、そのほかの作物を育て、畑のそばで、数頭の羊と牛をつなぐか、囲いのなかに入れて飼っていた。野生の鳥類、魚、動物の肉は、手に入ったときにだけ食べた。ほんの数千年前まで行っていた狩猟採集から、大きくかけ離れた生活様式である。そして、この頃にはすでに、さらに複雑な社会誕生の動きが始まっていた。当時の集落には貯蔵庫があることが多く、神聖な品や余った食物などの大切な物を保管した。こうした貯蔵庫は一つの家族のものにしては大きすぎるため、共有だったと考えるのが妥当だろう。

余った食べ物を貯蔵庫で保存するのは、食糧不足を防ぐためと、神々を呼び寄せ、豊穣祈願の儀式や宗教行事のためだった。この二つが次第に結びつき、余った食べ物の蓄えが神々への供物と見なされ、貯蔵庫が神殿になったのである。村民全員の負担が平等になるように、共同の貯蔵庫に納めた作物の量は、小さな粘土の塊（トークン）を使って記録した。古くは紀元前八〇〇〇年頃のものと考えられるトークンが、肥沃三日月地帯全域で出土している。作物を貯蔵庫に収めることは神々への奉納とされたが、納められた作物の一部は神官の腹を満たした。神官は建築やかんがいシステムの整備維持など、村民が共同で行う労働を指揮した。こうして会計、文字による記録、官僚制度の種が蒔かれたのである。

数百万年におよぶ狩猟採集の時代のあと、人間の生活の質は劇的な変化を遂げる。その変化にビールがある程度貢献したという考えには、今も賛否両論がある。しかし、ビールは世界最古の二大文明で大変重宝されたことは明らかで、その事実が、先史時代の人々にとってビールが大切な飲み物だったことをなによりも証明している。ビールの起源は謎に包まれ、さまざまな憶測が飛び交っているが、古代エジプト人とメソポタミア人——老いも若きも、富める者も貧しき者も——の日々の生活が、この古代の飲み物にどっぷりと浸かっていたことは間違いない。

第2章 ● 文明化されたビール

楽しみ、それはビール。苦しみ、それは遠征。
――メソポタミアのことわざ（紀元前一〇〇〇年）

心底満たされた男の口は、ビールで満たされている。
――エジプトのことわざ（紀元前二二〇〇年）

都市革命と食べられるお金

世界最初の都市はメソポタミア――「川のあいだの地」の意――という、チグリス川とユーフラテス川に挟まれた現在のイラクあたりの地域に誕生した。都市の住人はほとんどが農民で、城壁のなかに住み、毎朝畑を耕しにその外に出た。畑仕事をしない神官と工芸職人は、人類史上初めて完全な都市生活を送った人々である。車輪のついた手押しの乗り物が通りをひっきりなしに行き交い、人々は騒々しい市場で物を売り買いした。安息のために、宗教行事と祝祭日も定期的に設けられていた。当時からすでに人々が疲労感を抱いていたことをうかがわせることわざさえある。「多くの銀を持つ者は幸せかもしれない。多くの大麦を持つ者は幸せかもしれない。けれど、なにも持たない者はゆっくりと眠ることができる」

人々がなぜ小さな村落ではなく、大都市での暮らしを選んだのかはよくわかっていない。おそらくは、いくつかの原因が重なった結果だろう。たとえば宗教あるいは商業の中心地のそばに住みたかったのかもしれないし、メソポタミアの場合は、安全が主要な動機の一つだったと考えられる。自然の国境がなかった――メソポタミアは基本的に、まわりに自然の障壁のない平野である――ため、ここは何度も侵略と攻撃の標的になったからだ。紀元前四三〇〇年頃から複数の村落が一つになり始め、かつてないほど大きな町を形成し、それが最終的に都市になった。都市はそれぞれ、畑と用水路を束ねる中心地にあった。紀元前三〇〇〇年までに、当時最大の都市ウルクの人口はおよそ五万人に膨れ、周囲には半径一〇マイル（一六キロ）の範囲に畑が広がっていた。紀元前二〇〇〇年には、南メソポタミアのほぼ全人口がウルク、ウル、ラガシュ、エリドゥ、ニップールといった三〇～四〇の大都市国家に暮らしていた。その後、エジプトが台頭し、メンフィスやテーベといった都市が、古代世界最大の規模にまで発展する。

世界最古の二大文明――「civilization（文明）」という単語は、端的に「都市での生活」を意味する――メソポタミアとエジプトには、さまざまな点で違いがある。たとえば、政治の統一によりエジプト文化は三〇〇〇年近くほとんど姿を変えなかったが、メソポタミアでは政治的および軍事的な激変が続いた。だが、重要な一点において両者は似ている——どちらの文明も豊富な農作物、とりわけ穀物の余剰によって成り立っていたのである。この余剰分のおかげで、神官と工芸職人という少数の選民は、食料自給の必要性から解放された。さらにこの余剰分は、用水路、神殿、ピラミッドといった、共同で行う大規模工事の資金源でもあった。穀物は交換手段であると同時に、エジプトとメソポタミア両文明の人々の食事を支える基盤だった。穀物はいわば食べられるお金であり、固形と液体の両方の形で消費された——パンとビールとして、である。

ビールを食べ、〝人間になる〟

ビールの歴史、いや、すべての歴史の記述は、メソポタミアの南の地シュメールで始まった。書き記すという技術は、紀元前三四〇〇年頃にこの地域で誕生している。メソポタミア人がビールを飲むことを文明の証と考えたのは、世界初の文学作品『ギルガメシュ叙事詩』の一節に明らかだ。ギルガメシュは紀元前二七〇〇年頃のシュメールの都市国家ウルクの王で、その人生はのちに、シュメール人と、シュメール人に代わってこの地を治めたアッカド人およびバビロニア人によって脚色され、精巧な神話にまとめ上げられている。神話の内容は、ギルガメシュと友人エンキドゥの冒険を伝えるものだ。エンキドゥは裸で荒野を駆ける野人だったが、ある若い女性から文明化の手ほどきを受ける。女性はエンキドゥを、シュメールの高度な文化に触れるための第一歩として羊飼いの村に連れていき、エンキドゥはそこでもてなしを受けた。

彼の前に食べ物が置かれた
彼の前にビールが置かれた
エンキドゥは食事としてパンを口にすることを知らなかった
ビールについても、なにも知らなかった
その若い女性はエンキドゥに言った
「お食べなさい、エンキドゥ。それが人間の生きる糧。ビールをお飲みなさい。それがこの地の習慣」
エンキドゥは満腹になるまでパンを食べ
なんと七杯もビールを飲むと、開放的になり、楽しそうに歌った
彼は顔を紅潮させて、上機嫌だった
彼は薄汚れた身体に水をかけ
油で身体をこすり、そして人間になった

野人のエンキドゥはパンとビールを知らなかった。しかしこれを食し、身体を洗ったことで人間の仲間入りをし、ギルガメシュの治める都市ウルクに向かう準備が整ったというわけである。メソポタミアの人々はパンとビールを食することが、未開人ではなく、完全な人間の証だと信じていた。この信念は、ビールが狩猟採集という先史時代の不安定な生活ではなく、定住型の秩序ある生活と

深く関わっていた事実を反映しているようで、興味深い。

酩酊の可能性は、ビールを飲むことが文明の証という信念をぐらつかせるものではなかったようだ。メソポタミアの文学を見る限り、酩酊の描写は、こっけいな、面白おかしいものが大半である。実際、エンキドゥの話も、酔っぱらって歌うことが人間になるための儀式の一部として描かれている。同様に、シュメールのいくつかの神話でも、神々はしょっちゅう間違いを犯す、きわめて人間的な存在であり、食べたり飲んだりが大好きで、しばしば飲みすぎることもある、とされている。そうした神々のきまぐれな振舞いは、いつ不作になるかもしれず、いつ敵軍が地平線に現われるかもしれない、先のことがわからない不安定なシュメールの生活と関わりがあるとされていた。シュメール人は宗教儀式として、神殿内の神聖な像の前にしつらえた台の上に食事を捧げ、続いて、神官と信者が神々と死者の魂を呼ぶために宴を開いた。

ビールは古代エジプト文化でも同じく重要で、ビールに関する記述も同じくらい古くからある。紀元前二六五〇年に始まる第三王朝時代の史料にビールのことが書かれており、紀元前二三五〇年頃、第五王朝末期にピラミッドに刻まれた『ピラミッド・テクスト』には、さまざまな種類のビールの名が登場する（エジプト人はシュメール人よりわずかに遅れて、日常の取引や王の偉業の数々を記録するために独自の記述法を作り出した。ただし、これが外からの影響を受けずに編み出されたのか、それともシュメール人に刺激されてのことだったのかは定かでない）。あるエジプトの文献についての調査によれば、ビール——エジプトの言葉では「ヘクト」——の記述がほかのどの食材よりも多かったという。メソポタミアでもそうだったように、ビールはもともと古代に神が作った飲み物と考えられており、祈り、神話、伝説のなかにしばしば登場している。

エジプトの神話には、ビールのおかげで人類は滅亡の危機から救われたとするものさえある。太陽神ラーは、人間たちが自分に対して反乱を企てていることを知り、彼らを懲らしめるために女神ハトホルを地上に送る。しかしハトホルのあまりの残忍さに、ラーはこのままでは自分を崇拝する者がいなくなってしまうのではないかと不安になり、人間たちに情けをかける。ラーはビールを大量に用意し――七〇〇〇つぼとする話もある――これを血のような赤色に染めて地上に撒いた。赤いビールは巨大な鏡のように光り輝いた。そこに映る自分の姿にしばし見とれたハトホルは、腰をかがめてそのビールを飲む。ハトホルは酔っぱらって寝入り、人類虐殺の使命を忘れてしまった。こうして人類は救われ、ハトホルはビールと醸造の女神になったという。これと似たような話が、ツタンカーメン、セティ一世、ラムセス二世をはじめとするエジプトの王の墓に刻まれているのが見つかっている。

だが、酩酊に寛容だったメソポタミア人とは対照的に、エジプトの書記見習いが模写した練習用のテキスト――廃棄物の塚から大量に出土している――には、酩酊をはっきりと否定する記述が見られる。たとえば、ある文章は次のように若い書記を諭《さと》している。「ビールは汝から人間性を奪い去り、魂の喪失へと導く。汝はまるで、壊れていかんともしがたい船の舵取りオールのごとくになる」。『アニの叡智』という助言集にも、同様の忠告を見ることができる。「ビールを飲んではならない。理解不能な言葉が汝の口から発せられるからである」。ただし、このような書記の練習用テキストに書かれているのは、一般的なエジプト人の価値観を表しているものではない。一人前の書記になるには、ひたすら精進しなければならないとされていた。そのため、彼らはそれ以外のほぼすべての行いを禁じていたからだ。ほかのテキストにはたとえば、「兵士、神官、パン焼き職人になってはならない」「農夫になってはならない」「二輪馬車の御者になってはならない」などの記載もある。

メソポタミア人もエジプト人も、ビールは古代に神から与えられた飲み物で、自らの存在の基盤であり、文化的および宗教的アイデンティティの一部を形成し、社会的に非常に重要な意味を持つものと考えていた。「ビアホールを作る」と「ビアホールで座る」は、それぞれ「楽しいときを過ごす」「飲んで騒ぐ」という意味で、エジプトにおいて一般的に使われた表現だった。一方シュメールでは、「ビールを注ぐ」のは宴か祝宴を催すという意味で、王が高官宅を公式に訪れ、貢ぎ物を受け取ることは「王が某《なにがし》の家でビールを飲んだとき」と記されている。どちらの文化でもビールは主食のひとつで、ビールがなければ完全な食事とは言えないほどだった。ビールは老若男女、富める者も貧しい者も、社会的階層の頂上から底辺まで万民に飲まれた。ビールはまさに、最古の二大文明を特徴づける飲み物だったのである。

書き物の起源

人類最古の記述史料はシュメール人の賃金表と税の領収書で、土器のなかにビールを表わす斜線の形をした絵文字——最もよく使われた文字の一つ——が、穀物、布地、家畜の絵文字とならんで記されている。書いた記録はもともと、穀物、ビール、パン、そのほかの品々の収集と配給を記録するために発明されたからである。新石器時代には、共同の貯蔵庫に納めた品を計算するのにトークンが使われていた。その習慣が発展した結果、絵文字が生まれたのである。実際、シュメール社会は理論上、新石器時代の社会構造の延長線上にある。ただし、シュメールには数千年にわたって経済と文化が複雑化を遂げた歴史があり、社会の規模は段違いに大きい。新石器時代、村落の長が余った食べ物を集めたように、シュメールの都市の神官たちも、大麦、小麦、羊、布地の余剰分を集めた。神々への供物というのが表向きだったが、実際には税として収めることが定められており、官僚である神官が食すか、ほかの品や奉仕との交換に使われた。たとえば、かんがいシステムの整備維持や公共の建物の建築の対価として、神官はパンとビールを配給したのである。

初期のくさび形文字が書かれた粘土板で、紀元前3200年頃のもの。ビールの配給が記録されている。

この精巧な制度のおかげで、神官は経済の大半をコントロールする力を得た。これが人々に等しく再分配をするパラダイス、すなわち国家がすべての民に分け与える古代の社会主義思想の現われだったのか、それとも奴隷制に近い、搾取的な体制だったのかは不明だが、制度の誕生はメソポタミアの自然環境が非常に不安定だったことに起因したようだ。メソポタミアでは雨がほとんど降らず、チグリス川とユーフラテス川の氾濫はまったく予想がつかなかった。そのため、農業はよく整備された共同のかんがいシステムに頼らざるをえず、神々に適切な奉納をすることが大切だとシュメール人は信じていた。そのいずれも仕切ったのが神官だった。そのため、社会の規模が村落から町、都市へと大きくなるにつれて、神官はますます強大な権力を手にすることになったのである。新石器時代にはただの貯蔵庫でしかなかったものが、土を高く盛った、階段つきの台の上に建てられた凝った作りの神殿、あるいはジッグラトというピラミッド型の建物になった。ほかにも数多くの都市国家が次々に誕生し、それぞれが固有の神を持ち、いずれも農業経済を維持し、農産物の余剰分を搾取する高級官僚の神官によって治められていた。いくつかの彫刻には、ひげを蓄え、長いキルトを身につけ、丸い頭飾りをかぶり、大きなつぼから長いストローでビールを飲む神官の姿が残されている。

この制度を機能させるためには、税としてなにを納め、対価としてなにを支払ったのかを記録しておく必要があった。そこで税の領収書として考えられたのが、土の〝封筒〟にトークンを入れておくという方法である。この土の〝封筒〟は粘土で貝殻状に作ったブッラと呼ばれるもので、揺すると、なかにいれたトークンが転がって音を立てた。穀物、布地、あるいは個々の家畜の標準的な量を表わすのに、さまざまな形のトークンが使われた。なにか物を神殿に納めると、それに見合うトークンが土製の封筒に入れられた。そして、なかのトークンと税として収めた品が合っていることを示すために、徴税者と納税者がそれぞれの印章を封筒の土の湿った部分に押した。そのうえで

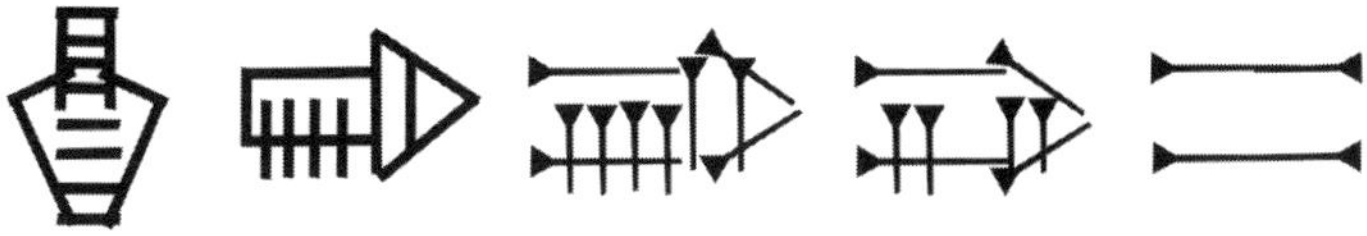

くさび形文字によるビールを表わす記号の進化。時の経過とともに、ビールの描写は次第に抽象的になっていった。

封筒は神殿に保管された。

それからまもなく、封筒の代わりに湿った粘土板を使い、そこにトークンを押しつけて大麦や家畜などの形を表わすほうが手軽であることに人々は気づく。粘土板にそれぞれの印章を押して天日で焼き、型押しの跡が消えないようにすれば、封筒を使う必要はなかった。また、型押しした跡があれば事足りたため、トークンも次第に使われなくなり、トークンの形をまねた絵文字、あるいはそれが象徴する物の絵文字を粘土板に刻むようになる。こうして物の形をそのまま表わす絵文字が誕生し、数字などの抽象的な概念は、粘土板にくぼみをつけ、それを複数組み合わせて表現されるようになったのである。

世界最古の書き物による記録は、紀元前三四〇〇年頃のウルクのもので、手のひらに収まる程度の大きさの、平たい粘土板に残されている。まずは縦に線を引いて行を作り、次に横の直線でいくつかの矩形に分けているものが一般的だ。各仕切りにはシンボルが描かれており、トークンを押しつけたものもあれば、針で彫られたものもある。読む順番こそ左から右、上から下だが、それ以外は現代の文字とはまるで違い、専門家にしか解読できない。しかしよく見てみると、ビールを表わす絵文字――なかに斜線の入ったかめが横倒しになっている――は簡単に見つかる。この絵文字は賃金表、管理関係の資料、訓練中の書記が記した単語表のなかに見つけることができる。単語表には、醸造用語も多数書かれている。粘土板の多くには人名の一覧が記載され、横に「一日分のビールとパン」を示す文字が書かれている――これが、労働者が神殿から受け取る標準的な賃金だった。

メソポタミア人の配給に関する史料を分析した結果、パン、ビール、ナツメヤシ、玉ねぎという標準的な食物に、肉または魚や、ヒヨコ豆ほかの豆類、レンティル、カブなどの野菜類を時折加えた配給は、栄養価の高い、バランスの取れた食事だったことがわかっている。ナツメヤシはビタミンA、ビールはビタミンB、玉ねぎはビタミンCの供給源で、配給された食品の合計は三五〇〇～四〇〇〇カロリーと、現代の大人一日分の推奨摂取カロリーを上回っている。神官による配給は不定期なものではなく、多くの人々を支える主要な食料源だったのである。

税の領収と配給を記録する手段として始まった書き物はまもなく、より柔軟かつ表現豊かで、抽象的な媒体へと進化する。紀元前三〇〇〇年頃には、特定の音を表わす記号も登場した。同時に、粘土版を浅くひっかいた絵文字は、深く彫った、くさび形のそれに取って代わられる。これによって記述の速度は上がったが、絵文字のシンボルとしての質は低下し、記述はより抽象的なものになっていき、最終的にアシを使って粘土板の上にくさび形文字を刻むという、最初の汎用《はんよう》的な記述様式が誕生した。これが紀元前二〇〇〇～一〇〇〇年代に作られたウガリット文字とフェニキア文字を経由して、西洋のアルファベットになるのである。

初期の絵文字と比べると、ビールを表わすくさび形文字は、かめの形にはほとんど見えない。だが、たとえばずる賢い農業の神エンキが、父で神々の王であるエンリルのために饗宴を用意するという物語を伝える粘土板に、この文字を見つけることができる。たしかに醸造過程の説明は謎めいているが、各段階の区別はつくので、これが世界最古のビールの製法を記した史料と考えられている。

ピラミッド建設の賃金

メソポタミアと同様、エジプトでも、人々は穀類やそのほかの品々を税として神殿に納め、それが公共の労働の対価として再分配された。これはつまり、どちらの文明でも、大麦と小麦、そしてその加工品であるパンとビールがたんなる主食以上のものになった、ということを意味している。パンとビールは便利な通貨代わりとして、広く普及したのである。くさび形文字の記録によると、メソポタミアでは、シュメールの神殿の労働者のうち最も階級の低い者たちは、配給の一部として一日ビール一シラ——およそ一リットル——を受け取ったとされている。若い官吏は二シラ、位の高い官吏と宮廷の女性は三シラ、最高級官吏は五シラだった。シュメールの各地から、大きさがほぼ同じで、口が斜めのボウルが数多く出土しており、これを使って計量したのではないかと考えられている。高齢の官吏にはさらに多くのビールが支給されたが、これは彼らがたくさん飲んだからではなく、余りを使いの者や書記への心づけとして与えるなど、自分が雇う者たちへの報酬として用いるためだった。液体は簡単に分けられるため、通貨として理想的だったのである。

アッカドは紀元前二三五〇年頃からシュメールのいくつかの都市国家を統治した帝国で、その王の一人サルゴンが君臨した時代の史料には、ビールは「結婚の対価」(花婿の家族から花嫁の家

円筒印章に残された宴の様子。いすに腰かけ、大きなかめからストローでビールを飲んでいる人々も描かれている。

族に対する支払い）の一部だったと書かれている。また、神殿での数日間の労働の対価として、女性と子供にビールが与えられ、女性は二シラ、子供は一シラだったという記録も見つかっている。さらに、女性と子供の亡命者――奴隷か、あるいは戦争捕虜だったのだろう――に対して、女性には二〇シラ、子供には一〇シラのビールを毎月支給したとする史料もある。使いの者が賞与としてビールをもらったように、兵士、警官、書記も特別な折の追加報酬としてビールを受け取った。紀元前二〇三五年のある史料には、都市国家ウンマの公的な使者たちへの配給品の一覧があり、「上等」のビール、「並」のビール、にんにく、調理用油、香辛料が記載されている。この頃、シュメールでは三〇万人が国家に雇われ、それぞれが大麦を毎月、羊毛を毎年、あるいは同量のほかの品――たとえば大麦の代わりにパンかビール、羊毛の代わりに布地か衣服――を配給として受け取った。そして、こうしたやり取りはすべて、会計係がくさび形文字で粘土板に記録したのである。

労働の対価にビールを用いた最も壮大な例は、エジプトのギザで見ることができる――ピラミッドだ。ピラミッド建築に携わった労働者の賃金はビールだったと、彼らが食事と睡眠を取ったとされる近くの町で発見された史料に書かれている。ピラミッドが建築された紀元前二五〇〇年頃、労働者に対する標準的な配給はパン三～四斤と、かめ二つ分（約四リットル）のビールだった。労働者をまとめた監督者や官吏は、もっと多くのパンとビールを受け取った。古代の落書きによると、ギザの第三のピラミッド、つまりメンカフラー王のピラミッドの建築に従事した労働者のあるグループは、自らを「メンカフラーの酔っぱらい」と称したそうだが、それもうなずける。以前は大勢の奴隷を使ってピラミッドを建てたと考えられていたが、建築労働者への支払いの記録によれば、作業をしたのは国家に雇われた者たちだったようだ。また、ピラミッドは洪水で畑が水没した時期に農夫たちが建てたとする説もある。国家が穀物を貢ぎ物として集め、労働の対価として再分配した。つまり、ピラミッド建築の仕事は、古代エジプトの人々の心に国民としての連帯感を植えつけ、国家の富と力を実証し、税制度を正当化する役割をはたしたのである。

パンとビールを賃金または通貨として利用したということは、この両者が繁栄と健康と同義語だったという意味である。どちらも古代エジプト人の生活の必需品であり、「パンとビール」は、生命維持に必要な食物を表わす一般名詞だった――この二つを組み合わせた象形文字は、食べ物を表わす記号だったのである。「パンとビール」という言葉は、幸運と健康を祈るというような意味で、日常のあいさつにも使われた。あるエジプトの碑文には、学齢期の息子には健全な成長のために、ビール二かめと小さめのパン三斤を毎日与えるように、と女性に対して強く促す記述も見られる。メソポタミアでも同じように、「パンとビール」は、「食べ物と飲み物」を表わす一般的な言葉として使われ、シュメールでは、饗宴を表わす言葉は文字どおり「ビールとパンの場所」だった。

また、ビールは健康にも直結していた。ビールはメソポタミアでもエジプトでも、医療に用いられたからである。紀元前二一〇〇年頃のシュメールの都市ニップールのものと思われるくさび形文字が刻まれた粘土板には、ビールを使った薬の配合表も書かれている。医薬品にアルコールを使用した世界最古の記録だ。エジプト人はビールを軽い鎮静剤として用い、さまざまな香草や香辛料を調合するのにも使った。ビールは水を沸かして作ったため、当然ながら水よりも汚染の可能性が低く、いくつかの材料が水よりも溶けやすいという利点もあった。エジプトの医学文書『エーベルス・パピルス』——紀元前一五五〇年頃のものだが、それよりもはるかに古い史料にもとづいて書かれたのは明らかである——には、香草を用いた治療薬の処方箋が数百種類も書かれており、その多くはビールを使っている。たとえば、玉ねぎ半分に泡立つビールを加えたものは便秘に効く、粉末状にしたオリーブにビールを加えたものは消化促進の効果がある、サフランとビールを混ぜたもので女性の腹部をマッサージすると陣痛が和らぐというように。

エジプト人は、死後の世界で幸せに暮らすには十分なパンとビールが必要だとも信じていた。死者への一般的な供物は、パン、ビール、牛、ガチョウ、布地、そして浄化のためのナトロンなどだった。エジプトの葬儀に関するいくつかの史料には、故人には「酸っぱくならないビール」が約束されていると記されており、永遠にビールを飲みたいとする人々の強い思いと、ビールの保存が困難だったことをうかがい知ることができる。エジプトの墓からは、ビールのかめ（中身はとっくに蒸発しているが）とビール作りの道具とともに、醸造とパン焼きの様子を表わす壁画や模型が、紀元前一三三五年頃に他界したツタンカーメンの墓からは、ビール製造用の特殊なふるいが見つかっている。また、普通の浅い墓に安置された一般の人々も、ビール用の小さなかめと一緒に埋葬された。

皆で分け合う飲み物

ビールはゆりかごから墓場まで、エジプト人とメソポタミア人の生活の隅々にまで浸透していた。彼らがビールを愛したのは必然と言っていいだろう。複雑化した社会の登場、文字で記録する必要性、ビールの一般化はすべて、穀物の余剰がなければありえなかった。肥沃三日月地帯の気候は穀類の耕作に最適だった。この地で農業が始まり、最古の文明が登場し、文字による記録が始まった。そしてここには、ほかのどの地よりもビールが豊富にあったのである。

メソポタミアのビールにもエジプトのビールにもホップは使われていなかったが――ホップがビールの材料として一般化するのは中世になってからである――当時のビールに関するいくつかの習慣や考えは、数千年後の現在でも残っている。もちろん、ビールを労働の対価として用いたり、あいさつを交わすのに「パンとビール」と言ったりすることはさすがにないが、ビールは今も、世界中の多くの地域で労働者の定番の飲み物とされている。ビールを飲む際に人々の健康を祝して乾杯するのは、ビールの不思議な力を古代人が信じていた名残である。また、気取らない、和やかな社交の場とビールとの結びつきは、今も昔も変わらない。ビールは本来、皆で分け合う飲み物なのだ。石器時代の村落だろうと、メソポタミアの饗宴の場だろうと、現代のパブやバーだろうと、ビールは文明の夜明け以来、人と人とを結び続けている。

第2部

ギリシアとローマのワイン

第3章 ワインの喜び

早く、ワインを一杯持ってきておくれ。そうすれば頭に潤いを与え、なにか気の利いたことが言えるかもしれぬ。

——ギリシアの喜劇作家アリストパネス(紀元前四五〇〜三八五年)

世にも盛大な祝宴

紀元前八七〇年頃、アッシリアのアッシュールナシルパル二世が、ニムルードの新たな首都の完成を記念する宴を開いた。これは人類史上最も盛大な祝宴の一つと言われている。新首都の中心である大宮殿は、泥レンガ作りの土台の上に伝統的なメソポタミア様式で建てられた。七つの壮麗なホールには木と青銅を使った凝った作りの扉を取りつけ、天井にはヒマラヤスギ、イトスギ、セイヨウネズを使い、壁には外国各地での王の軍事的偉業を讃える緻密な壁画を描かせた。宮殿の周りには運河と滝、果樹園と菜園が巡らしてあった。果樹園と菜園には、在来の草木に加え、王が諸外国の征服時に収集した植物が生い茂っていた。くさび形文字の記録によれば、ナツメヤシ、ヒマラヤスギ、イトスギ、オリーブ、プラム、イチジク、ブドウの木などが「たがいに香りを競い合っていた」という。アッシュールナシルパルは、メソポタミア北部の大部分を占める帝国中から人々を集め、この新たな首都に住まわせた。このようにさまざまな地域の植物と人間を集めた首都は、彼の帝国の縮図であり、その完成を祝うために、アッシュールナシルパルは壮大な宴を開催したのである。

祝宴は一〇日間続いた。正式な記録によると、この宴の参加人数は六万九五七四人で、帝国中から参加した男女が四万七〇七四人、ニムルードに新たに移住してきた住民が一万六〇〇〇人、他国の高官が五〇〇〇人、宮殿関係者が一五〇〇人だったという。祝宴の目的はもちろん、王の富と権力を自国の民および諸外国の代表に誇示することだった。参加者に供された食べ物は、よく肥えた牛一〇〇〇頭、子牛一〇〇〇頭、羊一万頭、子羊一万五〇〇〇頭、スプリング・ラム一〇〇〇頭、ガゼル五〇〇頭、アヒル一〇〇〇羽、ガチョウ一〇〇〇羽、鳩二万羽、そのほかの小鳥一万二〇〇〇羽、魚一万匹、トビネズミ（小型齧歯類《げっし》の一種）一万匹、卵一万個。野菜類はあまり多くないが、それでも一〇〇〇箱程度はあったという。当然、ある程度の誇張は含まれているだろうが、それにしても、祝宴が桁外れの大きさだったことは間違いない。アッシュールナシルパルは大勢の招待客を自慢し、「（自分は）彼らに敬意を表するためにこの宴を開いた。そして彼らを健康かつ幸福な状態で自国に送り返した」と言ったという。

アッシュールナシルパル二世が威儀を正して腰かけ、浅いワイン・ボウルを掲げている。両側のお付きの者がハエタタキを持ち、王とワインにハエがたからないようにしている。

だが、この祝宴の最も印象的で重要なポイントは、その規模よりも王の飲み物の選択にある。アッシュールナシルパルはこの宴において、自らの文化的遺産であるメソポタミア人の一般的な飲み物に最高位を与えなかった。宮殿の石製レリーフの彫刻には、彼がストローでビールをすすっている姿は描かれていない。その代わりに、彼は金製と思われる浅いボウルを、右手の指先で優雅にバランスを取りながら、顔の前に掲げている。このボウルにはワインが入っていたのである。

もっとも、ビールが完全に締め出されたわけではない。アッシュールナシルパルは、祝宴につぼ一万個分のビールを出している。だが、この王は皮袋入りのワインも一万袋供した。量は同じだが、富の誇示という意味においては、後者のほうがはるかに効果的だった。メソポタミアでは、山間のワイン生産地から首都のある北東部まで取り寄せなければならず、ワインはほんの少量しか手に入らなかった。しかも山間地から平地まで輸送する費用のせいで、ワインはビールの少なくとも一〇倍は高価だった。そのためメソポタミア文化では、ワインは異国情緒あふれる外国の飲み物と考えられていたのである。これを味わえるのは選ばれた者だけで、しかも宗教用として使われることが多かった。希少価値も値段も高かったため、神々に供するのにふさわしいと考えられたのである。実際、大半の者たちはワインを一度も口にしたことがなかったという。

つまり、ワインとビールをいずれも大量に七万人近い客に提供できることは、アッシュールナシルパルが巨万の富の持ち主であることを如実に示す、なによりの証だったのである。ワインを帝国領土内の遠隔地域から運ばせたこともまた、この王の権力が広範囲におよんでいることを際立たせていた。さらに印象的なのは、自身の菜園のブドウの木から取れたワインも出された、という事実である。当時の慣行に従い、ブドウはつるを他の木々に巻きつけて栽培し、水は精巧に作られた運河から引いた。アッシュールナシルパルはとてつもない大金持ちだっただけではない。その富はまさに、木に金がなるようにして膨らんでいった。アッシュールナシルパルは自国でできたワインを神々に捧げることで、新首都の落成を正式に告げたのである。

ニルムードから出土したのちの饗宴の絵には、人々が木製の寝いすに腰かけ、ワインを底の浅い杯で飲んでいる姿が描かれている。横には従者がつき、ワインの入ったかめを掲げたり、高価な飲み物に虫がたからないように、団扇かハエタタキを手に持ったりしている。貯蔵用の大きな容器から、従者が給仕用のかめに注ぎ足す姿が描かれているものもある。

アッシリア人のあいだで、ワインを飲む行為は次第に手の込んだ、正式な社会的儀式へと発展していった。紀元前八二五年頃の方尖塔《オベリスク》には、アッシュールナシルパルの息子、シャルマネサル三世が日傘の下に立つ姿が描かれている。彼は右手にワイン用の杯を持ち、左手を剣の柄に置いており、足元には嘆願者が跪《ひざまず》いている。こうしたプロパガンダのおかげで、ワインとこれを飲むための道具類は、権力と繁栄と特権の象徴になったのである。

山間部の絶品〝ビール〟

ワインは新しく流行し始めたが、けっして新しい飲み物ではなかった。ビールと同じく、その起源は先史時代にあり、詳しいことはよくわかっていない。発明、または発見されたのも太古の昔のことで、記録は神話や伝説のなかに間接的な形で残っているだけである。考古学的証拠を見る限り、ワインは新石器時代、紀元前九〇〇〇〜四〇〇〇年のあいだにザグロス山脈で作られたようだ。今のアルメニアおよびイラン北部あたりである。この地域でワインが作られたのは、三つの要素がすべて揃っていたからだった——ヨーロッパ・ブドウの野生種、ウィニフェラ・シルベストリスが自生していたこと、禾《か》穀類が豊富で、ワインを生産する地域社会に一年中穀物類を提供できたこと、そして紀元前六〇〇〇年頃の、ワイン生産、貯蔵、給仕用の道具となる陶器類が発明されたことである。

ワインはつぶしたブドウの果汁を発酵させたもので、ブドウの皮につく天然酵母が、果汁に含まれる糖分をアルコールに変える。ブドウまたはブドウ果汁を陶製の容器に長期間保存した結果、偶然にワインができたのだろう。ザグロス山脈の新石器時代の村ハッジ・フィルズ・テペ遺跡から出土した、紀元前五四〇〇年頃のものと思われる陶製のつぼには、内側に赤っぽい残滓《ざんし》があり、これがワイン誕生を示す最古の物証と考えられている。同地域をワイン誕生の地と推定する根拠は、聖書のノアの話にも登場する――ノアは洪水を逃れたあと、この地域近くにそびえる、箱船が漂着したアララト山の傾斜地に最初のブドウ畑を作ったとされている。

ここに端を発したワイン作りの知識は、西はギリシアおよびアナトリア（現在のトルコ）、南はレバント（現在のシリア、レバノン、イスラエル）、そしてエジプトまで広がった。紀元前三一五〇年頃、エジプト初期王朝を治めたファラオのひとりスコルピオン一世は、ワインのつぼ七〇〇個とともに埋葬されている。これらのワインは、当時の重要なワイン生産地の一つだった南レバントから高いコストをかけて輸入されたものである。ファラオたちはワインの味を覚えると、ナイル川のデルタ地帯に自らもブドウ畑を作り、紀元前三〇〇〇年までには、限定的ではあるが、自国でワイン作りを行っている。しかしメソポタミア文化がそうだったように、ワインを消費できるのはごく一部の選ばれた者たちに限られていた。この地の気候はワインの大規模生産に適さなかったからだ。墓室内に描かれた絵にワイン作りの図が残されており、そのため、エジプト社会一般にワインが普及していたという印象を受けがちだが、これは誤りだ。ワインを飲める富裕層にしか、豪奢な墓を建立する余裕はなかったからである。大衆が飲んだのはビールだった。

ワイン人気は地中海沿岸東部にも広がり、紀元前二五〇〇年頃にはクレタ、そしておそらくギリシア本土でもブドウの木の栽培が行われていた。ブドウの木が在来種ではなく、別の地域から植林されたものであることは、のちのギリシア神話のなかでも語られている。神話によると、神はネクタル（おそらく、はちみつ酒）を飲んでおり、ワインは人間の飲み物として新たにもたらされたという。ブドウの木はオリーブ、小麦、大麦と並んで栽培され、つるはオリーブやイチジクの木に巻きつけられることが多かった。紀元前二〇〇〇〜一〇〇〇年代のミュケナイおよびミノア文化期におけるギリシア本土やクレタでも、ワインは選ばれた者の飲み物だった。銘板に刻まれた、当時の奴隷や下級宗教官僚用の配給品リストのなかに、ワインは入っていない。ワインを口にできることは、高い地位の証だったのである。

転換期は、アッシュールナシルパルとその息子シャルマネサルが君臨した時代に訪れる。この頃からワインは宗教的だけでなく、社会的な飲料としてみなされるようになり、中東および地中海沿岸の東部地域で、ますます流行し始めたのである。ワインが手に入りやすくなったのには、二つの側面がある。まずは、海運によるワインの取引量が増すにつれて、生産量が増加し、そのおかげでより広い地域でワインが入手可能になった。そして、かつてない規模での国家および帝国の誕生が、この流れをあと押しした。国境の数が減り、通過するたびに支払う税金と通行料が少なくなり、ワインの長距離輸送にかかるコストが減った、というわけだ。アッシリアの王のように、王国内にワインの生産地を有する幸運な支配者もいた。そして生産量が上がり、値段が下がるにつれて、ワインは以前よりも幅広い階層の人々の手の届くものになったのである。ワインがますます普及していったことは、アッシリア王室への献上品の記録に明らかだ。アッシュールナシルパルおよびシャルマネサルの時代、ワインは金、銀、馬、畜牛のほか、さまざまな貴重品と並んで、高価な献上品の一つとされた。ところがそれから二世紀後、少なくともアッシリアでは、ワインは献上品リストから消えている。あまりにも広く出回るようになったため、ワインはもはや高価な、あるいは異国情緒あふれる品ではなく、献上品にふさわしくない、とみなされたのだろう。

ニムルードの紀元前七八五年頃の出土品で、くさび形文字が刻まれた銘板によると、ワインはこの頃にはすでに、アッシリア王家の六〇〇〇もの人々に配給されていたようだ。一〇人の男性に、皆で分配するようにと、一日一カ（qa）のワインが支給された。これは現在の単位に換算するとおよそ一リットルなので、ひとり一日、今のワイン・グラス約一杯分を受け取ったことになる。特殊技能を持つ労働者への支給量はこれよりも多く、一カのワインを六人で分けた。このように量はさまざまだったが、最高位の官僚から最下層の羊飼いの少年や見習い調理師まで、王家に属するすべての者がワインの配給を受けたのである。

ワイン人気が南下し、地元での生産が不可能だったメソポタミア地域にまで広がると同時に、ワインの取引はチグリス・ユーフラテス川沿いに拡大した。重量があり、しかも傷みやすい性質のため、ワインの陸送は難しかった。そこで長距離の取引には水路を利用し、運搬には木材とアシのいかだかボートを使った。ギリシアの歴史家ヘロドトスはこの地域を紀元前四三〇年頃に訪れ、川を伝って物品をバビロニアの首都バビロンまで運ぶボートについて書き、「主な積荷はワインである」

と記している。ヘロドトスの説明によれば、いったん下流に到着して積荷を降ろしてしまうと、ボートは無用の長物に等しかったという。ボートを上流まで運ぶのは困難だったからで、その代わりに人々はボートを分解し、元のわずか一〇分の一ほどの値段で売り払ったという。このコストもワインの値をつり上げる一因だった。

このため、メソポタミア社会での流行にもかかわらず、ワインは生産地域以外では手に入りにくかった。ワインの値が一般人にはとても手が出せないほど高かったことは、新バビロニアが紀元前五三九年にペルシア人の手に落ちる前の最後の王、ナボニドゥスの発言に現われている。ナボニドゥスは在位中、ワイン——いわく「山間部の〝ビール〟の絶品で、我が国にはないもの」——があり余っていたので、輸入した一八シラ（約一八リットル。現在のワインの瓶で二四本）入りのつぼ一つが、わずか銀一シケルで買えた、と自慢している。当時、銀一シケルは一ヵ月の最低賃金だった。広く出回るようになったとはいえ、ワインを普段の飲み物として消費できたのは、やはり非常に裕福な人々に限られていたのだろう。そのほかの人々のあいだでは、代用の飲み物が流行した。ヤシの蜜を発酵させたナツメヤシのワインである。ナツメヤシは南メソポタミアで広く栽培されていたため、この〝ワイン〟は、ビールよりも少しだけ余分に払えば、手に入れることができた。こうして紀元前一〇〇〇年紀のあいだに、ビールをこよなく愛したメソポタミア人でさえ、ビールに背を向け始める。ビールは最も文化的かつ文明的な飲み物としての王位を奪われ、ワインの時代が始まったのである。

ワインは心を写す鏡

現代西洋思想の起源は、紀元前六～五世紀の古代ギリシアに求められる。ギリシアの思想家たちが、近代西洋の政治、哲学、科学、そして法律の基盤を築いた時代だ。思想家たちは反対意見を唱える者との議論を通じて、合理的探求を進めるという今までにないアプローチを試みた。あるアイデアを評価する最良の方法は、相反する別のアイデアを試すことだ、と彼らは考えたのである。その結果、政治の世界に民主主義が誕生し、異なる政策の擁護者同士がたがいの雄弁さを競い合った。哲学では、これが世界の本質についての理性的議論および対話につながり、科学では、自然現象を説明する際に、相反する理論を構築することが盛んに行われるようになった。法律の世界では、当事者同士が対等の立場で争う当事者主義の法律制度が生まれた（ちなみに、制度化された競争の一つとして古代ギリシア人がとりわけ好んだのが、運動競技である）。こうしたアプローチは現代の西洋の生活様式の根底に存在しており、政治、商業、科学、法律など、すべてが秩序立てられた競争にもとづいている。

西洋と東洋の区別という考えもギリシアに端を発する。古代ギリシアは統一国家ではなく、都市国家や植民地の集合体で、結束はゆるく、人々の忠誠心も敵対心もつねにゆれ動いていた。しかし紀元前八世紀頃には早くも、ギリシア語を話す人々とそれ以外の者とが区別された。外国人の言語は、ギリシア人の耳にはブツブツ言っているようにしか聞こえず、彼らはバルバロイ（未開人、野蛮人の意）と呼ばれた。こうした〝未開人〟たちのなかで、東方に広がり最も強い勢力を誇ったのがペルシア人で、その巨大な帝国はメソポタミア、シリア、エジプト、小アジア（現在のトルコ）にまでおよんだ。当初、ギリシアの主要都市国家だったアテナイとスパルタは力を合わせてペルシア人による攻撃をかわしたが、のちにスパルタとアテナイが戦った際には、ペルシアが両国を交互に支援している。最終的には、アレクサンドロス大王がギリシアを統一し、紀元前四世紀にペルシアを滅ぼした。ギリシア人は自分たちがペルシア人とは正反対の人間だと考え、アジア人とは根本的に違う（そして、自分たちのほうが優れている）と信じて疑わなかった。

文明的競争への熱狂と、諸外国よりもギリシアのほうが勝っているという思いは、ギリシア人のワインへの愛に顕著だった。ワインは正式な酒宴を意味するシュンポシオン（訳註——シンポジウムの語源）で飲むものだった。シュンポシオンとは、人々がふざけながら、意見をぶつけ合い、機知、詩、弁論で相手を打ち負かす談論の場である。シュンポシオンに漂うフォーマルで知的な雰囲気を楽しむたびに、ギリシア人は自分たちがいかに文明的であるかを再確認し、野蛮人たちとは違うということに優越感を抱いた。野蛮人が飲むのは、洗練されていない野卑な飲み物のビールだった。また、たとえワインを飲んでも、ギリシア人が定めたマナーを知らない人々は、野蛮人よりもさらに低く見られた。

「地中海沿岸の人々は、オリーブとブドウの栽培を知ったときに未開状態を脱した」——紀元前五世紀のギリシアの作家で、古代世界で最も偉大な歴史家のひとり、トゥキュディデスの言葉だ。ワインの神ディオニュソスは、ビール愛好家のメソポタミア人たちを嫌い、ギリシアに逃げてきたとする伝説もある。これよりは穏やかな表現だが、やはりギリシアを上に見る言い伝えで、ディオニュソスはブドウが育たない国々の人々を哀れに思い、ビールを作ってやった、というものもある。そしてディオニュソスはギリシアにおいて、上流階級者だけでなく全国民がワインを口にできるようにしたのだと。ギリシア三大悲劇詩人として知られるエウリピデスの『バッコスの信女』に、こんな一節がある。「富める者にも貧しい者にも、彼はワインの喜びを与え賜うた。あらゆる痛みを和らげる飲み物を」

万人が手にできるほどワインが豊富だった理由は、ギリシア本土および島々の気候がブドウ栽培に理想的だったことにある。ブドウ栽培は紀元前七世紀からギリシア全土に急速に広まった。まずはペロポネソス半島のアルカディアとスパルタに始まり、その後、アテナイ周辺地域のアッティカにも伝わった。ギリシア人は史上初めて、ワイン生産を大規模な商業ベースで行い、系統的かつ科学的アプローチでブドウ栽培に取り組んだのである。ギリシアにおけるワイン作りの最初の記述が見られるのは、古代ギリシアの叙事詩人ヘシオドスが紀元前八世紀に書いた『仕事と日々』で、そこには枝下ろし、収穫、圧搾の時期と方法についてのアドバイスが書かれている。ギリシアのブドウ農家は工夫を凝らし、ワイン絞りにさまざまな改良を加えた。栽培に関しては、ブドウの木を列に植え、つるをほかの木に巻きつけるのではなく、ブドウ棚を導入した。これにより、限られたスペースでより多くの木を栽培できるようになり、収穫高が増し、収穫作業もより楽に行えるようになった。

穀物の生産は徐々に、ブドウおよびオリーブの栽培に取って代わられ、ワイン作りは自家消費用農業から、商業的農業へと変化した。ワインは農夫とその家族の飲み物ではなく、商品として生産されるようになった。それも当然で、ブドウ栽培の収入は、同じ土地で行う穀物生産と比べて二〇倍にもなったからである。ワインはギリシアの主要な輸出品となり、他のさまざまな商品との交易用として、船で各地に送られた。アッティカでは、穀物生産からブドウ栽培への切り替えがあまりにも急激だったため、穀物の供給が不足し、輸入に頼らねばならないほどだったという。ワインは財産となったのだ。紀元前六世紀までには、アテナイの土地所有層はブドウ畑の大きさで格づけされるようになっていた。畑の面積が七エーカー以下の人々が最下層とされ、そこから順に一〇、一五、二五エーカーと格が上がった。

ワイン生産はキオス、クソス、レスボスなど、ギリシア本土から遠く離れた、現在のトルコの西岸沖に浮かぶ島々でも行われ、こうした地域を原産とするワインは高級品とされた。ギリシアのコインにはワインに関する図柄が使われており、その事実からも、当時の経済におけるワインの重要性がうかがえる。キオス島のコインには、ワイン用のつぼの絵が彫られている。また、トラキアのメンデのコインとアンフォラ型容器の取っ手には、主要なモチーフの一つとして、ワインの神ディオニュソスがロバの背にゆったりと座る図が使われている。ワイン貿易の商業的重要性の高まりは、アテナイ―スパルタ間のペロポネソス戦争において、ブドウ畑が両国の主な狙いとなるまでにいたり、畑が滅茶苦茶に踏みにじられたり、焼き払われたりすることもしばしばだった。紀元前四二四年、スパルタ軍はアテナイの同盟都市国家で、マケドニアのワイン生産地アカンサスに到着する。季節はちょうど、ブドウ収穫期の直前だった。大切なブドウが台無しになることを恐れたアカンサスの人々は、我々を支持すれば畑には手を出さないというスパルタ軍のリーダー、ブラシダスの約束に心を揺り動かされ、投票を行った結果、スパルタ軍にひるがえることにした。おかげで無事にブドウの収穫を行うことができたという。

ワインが普及するにつれて——奴隷さえ飲めるほど一般化した——焦点は〝ワインを口にできるかどうか〟から、〝どんな種類のワインを飲むか〟に移行した。ギリシアでは、ワインは庶民的といえる飲み物だったが、それでもなお、ワインはある階層と別の階層とを区別する際の目安になったのである。ギリシアのワイン・マニアたちはまもなく、さまざまな国産および外国産ワインについて細かい差別化を行うようになった。そして、地方ごとのスタイルの違いが知られるにつれて、各ワイン生産地域は、異なる好みを持つ顧客が希望する本物を確実に手にできるようにと、それぞれ独自の形のアンフォラ型容器にワインを入れて出荷を始める。アルケストラトス——紀元前四世紀にシチリア島で暮らしていたギリシアの食通で、世界初の料理本『ガストロノミア』の著者として知られる——は、レスボス産のワインを好んだ。紀元前五～四世紀のギリシアの戯曲には、キオス産とクソス産のワインをとりわけ上質とする記述が出てくる。

原産地へのこだわりに始まったギリシア人の興味の主な対象は、醸造場所から生産年に移行する。実際、彼らは醸造場所による違いをほとんど気にかけなくなった。おそらく、どこで醸造されたかよりも、貯蔵および扱いの違いによって、ワインの質に大きな差が出たからだろう。古いワインはステイタス・シンボルで、古いものほどよいとされた。紀元前八世紀にホメロスが書いた叙事詩『オデュッセイア』には、以下のような神話上の英雄オデュッセウスの宝蔵の描写が出てくる——そこには「金と銅が山と積まれており、収納箱には衣類と、よい匂いの香油が豊富にある。そして甘い香りを放つ年代物のワインのつぼが、混じりけのない聖なる飲み物の入ったつぼが、壁沿いにずらりと並んでいる」

古代ギリシア人にとって、ワインを飲むことは文明および洗練と同義語だった。どんな種類の、いつ作られたワインを飲むかで、その人物の文化的洗練の度合いがわかる、とされたのである。ビールよりもワインが、並のワインよりも上質のワインが、若い物よりも年代物がよいとされた。そしてワインの選択よりもさらに重要視されたのが、ワインを飲むときの振る舞いだった。どう飲むかで、その者の本性が明らかになる、と彼らは考えたのである。古代ギリシアの詩人アイスキュロスは、紀元前六世紀にこう書いている。「銅は外見を写す鏡。ワインは心を写す鏡」

ワインを水で割り、善悪を混ぜる

古代ギリシアのワインに対する姿勢で他の文化との最も顕著な違いは、水で割ったワインを飲むという習慣にある。私的に酒宴を開き、水を加えたワインを消費することが社会的洗練の極みだった。シュンポシオンと呼ばれたこの酒宴は男性貴族だけの儀式で、「アンドロン」と呼ばれる男性専用の特別室（訳註——現在のギリシア語では「男性用トイレ」の意で使われる）で開かれた。部屋の壁はしばしば、宴席の模様を描いた壁画や酒宴に必要な道具で飾られていた。特別室を使ったのは、シュンポシオンが日常から隔絶されていることを強調するためで、この酒宴中は社会一般のそれとは異なるルールが適用された。家のなかで唯一アンドロンの床にだけは石が使われ、掃除しやすいように、中央に向けて傾斜がついているものもあった。アンドロンを中心に家を設計するほど、この部屋は重要なものと考えられていたのである。

シュンポシオンでは、男性は特別な寝いすに腰かけ、各自、片腕の下にクッションを置いた。これは紀元前八世紀の中近東における流行を取り入れたものである。参加者は一二人というのが最も一般的で、三〇人を超えることはまずなかった。女性は同席が認められていなかったが、給仕、踊り子、演奏者としてしばしばその場にいた。まず食べ物が供される。このとき、飲み物はほんの少量か、あるいはまったく出てこない。そしてテーブルの上が片づけられたあとで、ワインが運び込まれた。献酒を三度するのがアテナイの伝統で、一杯は神々に、一杯は戦没者、特に各自の先祖に、そしてもう一杯は神々の王ゼウスに捧げられた。この儀式のあいだ、若い女性がフルートを吹くこともあり、続いて聖歌が歌われるのが常だった。花かブドウの葉の飾りが参加者に配られ、香油をつけることもあった。そうしていよいよ酒宴の始まりとなったのである。

ワインはまず、クラテルという大きなつぼ状の容器のなかで水と混ぜられた。取っ手が三本ついた容器ヒュドリアから水をワインに注ぐのが決まりで、水にワインを加えることはなかった。どの程度水を加えるかによって、どの程度早く酩酊するかが決まった。水とワインの典型的な配合率は二対一、五対二、三対一、四対一だったと考えられている。同量の水で割ったワインは〝強い〟とみなされた。実際、出荷前に二分の一、あるいは三分の一の量になるまで煮詰められた濃縮ワインは、八倍、ときには二〇倍にも薄めねばならないとされた。暑い季節には、冷やすためにワインを井戸のなかに吊したり、雪をワインに加えたりした。もっとも、これはかなりの富裕層に限られた慣習で、冬のあいだに集めた雪を地下に掘った穴に入れ、溶けないようにわらを巻いて保存した。

たとえ上質なワインでも、水を加えずに飲むことは野蛮な行為である、とギリシア人、とりわけアテナイの人々は考えた。ワインをそのまま飲んでも平気なのは酒神ディオニュソスだけだ、と信じられていたのである。ちなみにディオニュソスは、特別なタイプのつぼから直接ワインを飲む姿がしばしば描かれており、このつぼの使用は、ワインに水が加えられていないことを示唆している。これに対して、か弱き人間は水であらかじめ力を抑えたワインしか飲むことができないとされた。さもないと、手がつけられないほど凶暴になるか、あるいは発狂さえしかねないと考えられていたからだ。それこそがスパルタの王クレオメネスの身に起きたことである、とヘロドトスは言っている。黒海北部の遊牧民スキタイ人にはワインに水を加えず飲むという野蛮な習慣があり、クレオメネスはこれをまねたのだという。アテナイの哲学者プラトンは、スキタイ人と近隣民族のトラキア人は教養がなく、ワインの扱い方をまるで知らなかったと書いている。「スキタイ人とトラキア人は男女とも、ワインに水を加えずに飲む。彼らはワインを衣類にかけ、これを楽しく、素晴らしい行いだと考えている」。マケドニア人も、水を加えないワインを好んだとして悪名高かった。古代マケドニアの王アレクサンドロス大王とその父フィリッポス二世は酒豪だったと言われている。アレクサンドロスはワインに酔い、口論の末に親友クレイトスを殺したとされており、紀元前三二三年の謎の病死も、彼のワインの飲みすぎが一因とするある程度の証拠がある。ただし、アレクサンドロスが大酒飲みだったとする説の信憑性については、なんとも言い難い。古代の文献でも、ワインを適度に楽しむことが美徳で、これに溺れることが堕落とされているが、どこまでを適量とするかの定義に幅がありすぎるからだ。

水はワインを安全なものにしたが、ワインもまた水を安全なものに変えた。ワインには病原菌がないだけでなく、発酵の段階で生じる自然の抗菌物質が含まれている。古代ギリシア人はこれを知らなかったが、汚染水を飲むのが危険だということは承知していた。彼らはわき水や深い井戸の水、あるいは水槽に溜めた雨水を好んだ。傷口をワインで処置するほうが、水で洗ったときよりも感染が起きにくかった（理由はやはり、ワインには病原菌がなく、抗菌物質が含まれているからである）ことから、彼らはワインには消毒および浄化力があるのではないか、と考えたのかもしれない。

ワインをまったく飲まないのは、ワインをそのまま飲むのと同じくらい悪いこととされた。ワインを水で割るというギリシアの習慣はつまり、飲みすぎる野蛮人と、まるで飲まない野蛮人との中間に位置する行為だった。古代ローマ時代後期のギリシアの伝記作者プルタルコスは、次のように書いている。「酔っぱらいは横柄で、無礼である（中略）。一方、まったく飲まない絶対禁酒者にも賛同しかねる。彼らには酒席を主催するよりも、子育てのほうが向いている」。いずれもディオニュソスが与えた恵みを有効利用していない、とギリシアの人々は信じていた。その中間あたりが、ギリシア人の理想だったのである。これを確実にするのがシュンポシオンの主宰の役目だった。普通は主催者か、グループのなかから投票かサイコロで選ばれた者がこれを務めた。キーワードは〝適度〟である。主宰の狙いは、集まった人々を酩酊《めいてい》としらふのちょうど中間にとどめておくことだった。そうすることで、人々を心配事から解放し、舌も軽やかにおしゃべりに興じさせ、しかも野蛮人のように暴力的にならないよう取りはからったのである。

ワインを飲むのに最も頻繁に用いられたのが、取っ手が二本ついた、脚が短く底の浅い杯で、キュリクスと呼ばれた。カンタロスという、もう少し大きくて深い杯か、あるいはリュトンという角杯で給されることもあった。長い取っ手のついたオイノコエ——ひしゃくに似ている形もあった——は、使用人が主宰の指示に従い、クラテルのワインを汲み、杯に注ぐために使われた。クラテルが空になると、すぐに次のクラテルが用意された。

ワインを飲む杯には精巧な装飾が施されたが、特に多く用いられたのはディオニュソスのモチーフだった。装飾は、時代とともにますます手の込んだものになっていく。陶器の装飾には最初「黒像式」と呼ばれる技法が用いられ、人や物を黒く塗り、焼きつけ前に線を刻んで細かな描写を施した。この技法は紀元前七世紀にコリントで誕生後、すぐにアテナイに伝わっている。紀元前六世紀からは、「赤像式」という技法が主流になる。土本来の赤茶色を残しておき、細部を黒い線で描き加えるという手法だ。ただし、飲料用のうつわも含め、黒像式と赤像式の陶器の現存数があまりにも多いために誤解されやすいのだが、富裕層は陶器ではなく、銀または金の杯でワインを飲んだ。陶器が多く残されているのは、埋葬に使われたためである。

ワインの飲み方に関する決まり事や儀式にこだわり、必ず適切な道具および家具類を使用し、ふさわしい衣装を身にまとう——これらはいずれも、自らの洗練さを強調するための行為だった。では、ワインを飲んでいるあいだ、実際にはなにが行われていたのだろうか？　答えは一つではない。シュンポシオンは人生と同じくらい多様で、ギリシア社会を映し出す鏡のようなものだった。音楽家や踊り手を雇い、公式な余興の会が催されることも、参加者自らが機知に富んだ歌や詩を即興で披露し合ったり、当意即妙な答えの出来を競い合ったりすることもあった。また、哲学や文学に関する公式な討論会になることもあり、この場合に限っては、教育的な目的から青年の参加も許可された。

だが、すべてのシュンポシオンがこのようにまじめなものだったわけではない。シュンポシオンで特に人気が高かったのは、コッタボスと呼ばれるゲームである。杯に残るワインを決められた標的に飛ばすというもので、標的は他の参加者や円盤形の銅製の的などだった。水を入れたボウルに浮かぶ皿に向けてワインを飛ばし、だれが早く皿を水に沈められるかを競うというものまであった。コッタボスの人気は非常に高く、専用の円形部屋を作るほど、これに熱を上げる者もいた。伝統主義者たちは、若者がコッタボスの技を磨くことばかりに夢中になり、やり投げという、少なくとも狩りや戦争に役立つスポーツから離れてしまったことに懸念を示したという。

クラテルが一つ、また一つと空になるにつれて、シュンポシオンは乱痴気騒ぎになったり、参加者同士が自分のグループ、ヘタイレイアへの忠誠心を競い合った結果、けんか沙汰になったりすることもあった。ときには、シュンポシオンに続いてコモスが行われた。コモスとは儀式的な意味を持つ自己宣伝の一つで、ヘタイレイアのメンバーが自らのグループの力と結束の固さを誇示するために、夜間、大騒ぎをしながら、通りを走り回るというものである。コモスは比較的大人しいこともあったが、参加者の酔い具合によっては、暴力行為や破壊行為につながることもあった。エウブーロスの戯曲のなかに、こんな一節がある。「分別ある男たちのために、わたしはクラテルを三個だけ用意する。一つめは健康のためで、これを最初に空ける。二つめは愛と喜びのためで、三つめは眠りのためだ。三つめを空にしたら、賢者は家に帰る。四つめのクラテルはもはや、わたしのものではない――それは悪しき振る舞いのものだ。五つめは大声で叫ぶため。六つめは無礼と侮辱

古代ギリシアのシュンポシオンの様子。いすに腰かけた男性が、水で薄めたワインを底の浅いワイン用の杯で飲んでいる。フルート奏者が音楽を奏で、奴隷が共同のクラテルから追加のワインを汲んでいる。

のため。七つめはけんかのため。八つめは家具類を壊すため。九つめはふさぎ込むため。一〇個めは狂気と意識消失のためである」

本質的に、シュンポシオンの目的は、知的、社会的、性的の別にかかわらず、快楽の追求にあった。また、それはあふれ出る情熱のはけ口、抑えきれない感情に対処するための手段でもあった。シュンポシオンには、ギリシア文化の最良の部分と最悪の要素が併存していた。シュンポシオンで飲まれる水とワインの混合物は、ギリシアの哲学者たちにとって、数々の比喩を生む肥沃な土壌となった。彼らは水とワインの混合を、個々の人間にも広く人間社会にも、善と悪が混在していることになぞらえた。シュンポシオンでは、人が手に負えなくなるのを防ぐために、危険な混ぜ具合を禁止するルールがいくつか定められていた。このように、このシュンポシオンというレンズを通じて、プラトンをはじめとする哲学者はギリシア社会を見ていたのである。

ワインを飲むことの哲学

哲学とは叡智を追求することである。ならば、シュンポシオン以上に真実の発見に適した場があっただろうか？　そこはワインによって抑制心を捨て去り、好ましいものも不快なものも含めて真実をすべてさらけ出す場だった。「ワインは隠れているものを明らかにする」と、紀元前三世紀のギリシアの哲学者エレトステネスは言っている。シュンポシオンが真実を手にするのにうってつけの場であると考えられていたことは、この宴が文学の題材として繰り返し登場することからもわかる。シュンポシオンに集まった複数の人物が杯を酌み交わしながら特定の話題について議論を交わす様子は、多くの作品に描かれている。なかでもとりわけ有名なのはプラトンの『饗宴』だろう。プラトンが師と仰ぐソクラテスを含む参加者たちが、愛について討論をする。朝まで飲み明かしたあと、皆は眠ったが、ソクラテスだけはまったくのしらふで、その日の職務に向かう。プラトンはソクラテスを理想的な飲み手として描き、彼はワインを真実の追究のために使用し、どれだけ飲んでもけっして自分を失わない、ワインによる悪影響をいっさい受けない人物だとしている。ソクラテスはまた、別の弟子クセノフォンが紀元前三六〇年頃に書いた『饗宴』にも登場する。同じカテナイ人の酒宴を描いた作品だが、内容はプラトンのものほど堅くなく、会話は生き生きとして機知に富み、登場人物も人間味にあふれている。主題は同じく〝愛〟で、会話を盛り上げる役はタソス産のワインである。

こうした哲学的なシュンポシオンは、現実世界というよりも、むしろ文学上の想像の世界のなかでの出来事だったが、ある意味、ワインは日常生活においても、真実をあらわにするための道具だった。ワインを飲むと、その人の本性が現われることがあったからだ。プラトンは現実のシュンポシオンの快楽主義的な点には異を唱えていたが、この饗宴は人間性のテストとして有効利用できる、と考えていた。著書『法律』の登場人物の台詞を通じて、プラトンはシュンポシオンで他者とワインを飲むことは、その相手の性格を検証するための最も手軽で、かつ信頼できるものであると論じている。そのなかでプラトンはソクラテスに、飲んだ者の内に怒りを誘発する「怒りの薬」について語らせている。それは恐怖をなくし、勇気を注入する薬で、摂取量を徐々に増やしていくことで、自らの恐怖を克服する術が習得できるという。もちろん、そんな薬は存在しないのだが、プラトンは（ソクラテスとして、クレタ島の対話者に向かって）この想像上の薬とワインとの類似点を挙げ、ワインは自制心を学ぶのに最適であると語っている。

目的が第一に人の性格を判別し、第二に人格を鍛錬することにあるのなら、饗宴の席に用いる以上に——扱いに注意するという前提だが——有効なワインの使用法がほかにあるだろうか？　これよりも割安な、あるいは無害な方法がほかにあるだろうか？　気むずかしく粗暴な者の本性を、無数の不法行為の源を有する者の本性を知るのに、自らの身を危険にさらしてその者と対峙するのと、ディオニュソスの饗宴にその者を招くのと、汝ならどちらを選ぶだろうか？　汝の妻、息子、娘を愛し、あるいは彼らの心を奪うかもしれぬ者の魂の状態を知るために、汝の最も大切な利益を危うくしたいと思うだろうか？　どちらがより危険かを考えれば、答えはすぐに出るはずだ。（中略）クレタ人だけでなく、いずれの人々であれ、人間の性格を知るのに、このような試験法ほど安全かつ安価で迅速な方法はないという意見に異を唱える者がいるとは、わたしには思えない。

プラトンはまた、ワインを飲むことは、怒り、愛、誇り、無知、欲望、臆病といった非理性的な感情に自らをさらし、自己を試す方法であるとも考えた。プラトンはそうした非理性的衝動に耐え、内なる悪魔に打ち勝つことができるよう、シュンポシオンを適切に行うためのルールまで定めている。プラトンによれば、ワインとは「鎮静薬であり、魂に謙虚さを教え、身体に健康と力を注入するために」人間に与えられたものである、という。

また、シュンポシオンは政治体制の原型でもあった。現代人の目には、人々が集まり、身分の等しい者同士として、同じ杯でワインを回し飲む

古代ギリシアの哲学者プラトンは、ワインは人間の性格を知るために有効利用できる、と考えた。

姿は、民主主義の思想を体現しているように思える。ただし、シュンポシオンは民主的ではあったが、現代のそれとは意味を異にする。シュンポシオンに参加できるのは特権階級の男性だけに限られていたからだ。もっとも、アテナイ人の民主主義の形態では、選挙権もこれと同じで、人口の約五分の一でしかない自由市民に与えられたにすぎなかった。ギリシアの民主制度は奴隷制の上に成り立っていた。重労働を担う奴隷がいなければ、彼らに、政治に参加するための余暇の時間は取れなかっただろう。

プラトンは民主主義に懐疑的だった。一つには、民主主義は物事の本来の秩序と抵触したからである。理論上、男性同士が平等だとしたら、どうして息子は父親に、生徒は師にしたがわねばならないのか？　プラトンは著書『国家』のなかで、一般人の手に権力を与えすぎると、無政府状態は避け難く、そうなったら、専制政治以外に回復手段がないと論じ、ソクラテスの発言という形をとって、民主政治の支持者らは、喉の乾いた人々に「自由という名の強いワイン」を勧め、これに溺れさせようとする邪悪な人間と同じだ、と非難している。権力はワインのようなもので、慣れていない者がこれに耽溺すると、ひどい酩酊状態に陥りかねず、いずれも最後には混乱が待っている、という意味だ。シュンポシオンについてのこのような暗喩が『国家』には数多く登場し、そのほぼすべてが民主政治に否定的な発言である（プラトンは、理想的な社会とは選ばれた守護者たちが動かすもので、哲学に精通した君主が治めるべきである、と考えていた）。

要するに、シュンポシオンには人間の本質が反映されており、良い面も悪い面もあったのだが、プラトンは適切なルールさえ守れば、シュンポシオンの良い面は悪い面を上回る、と結論づけている。実際、プラトンはアテナイ郊外にアカデメイアを創設し、四〇年以上にわたって哲学を教え、著作のほとんどをそこで書いたのだが、彼はシュンポシオンを自らの教育スタイルのモデルとして取り入れている。ある年代記によると、プラトンは講義および討論終了後には毎日、「親睦を深め、主に学問的討議で自らを活性化するために」弟子らとともに食事をし、ワインを飲んだという。プラトンの指示にしたがい、知的活力の回復という主目的にかなうよう、適量のワインが給された。プラトンと食事をともにした人々は、翌日の体調が万全だったとする当時の記録も残されている。この会には音楽家も踊り手もいなかった。プラトンは、教養のある男ならば、「所定の作法にしたがって順番に話をし、そして聞くこと」によってたがいをもてなしあうことができなければならない、と考えたからである。プラトンが始めたこの会は、参加者が順番に発表をし、所定のルールのなかで討論および議論を行うという学術的セミナーまたはシンポジウムの基本的形式として、現在も学問の世界に残っている。

文化の詰まったアンフォラ型容器

階層によって口にする種類が厳密に定められ、比類なき文化的洗練を誇り、快楽主義と哲学的探求を促す力をもつ飲み物——ワインはまさしく、ギリシア文化を体現するものだった。ギリシアのこうした価値観は、ワインの輸出にともない、遠隔地にまで広まった。ギリシア・ワイン用のつぼ、アンフォラ型容器が各地で出土していることから、ギリシアのワインが広い地域で人気を誇り、ギリシア文化および価値観の影響力が遠方にまでおよんでいたことは、考古学的にも証明されている。

紀元前五世紀頃になると、ギリシア・ワインは、西は南フランス、南はエジプト、東はクリミア半島、北はダニューブ川流域にまで輸出された。取引の規模も大きかった。南フランス沖で発見されたある沈没船には、なんと一万個ものアンフォラ型容器が積まれていた。これは二五万リットル、現在のワイン・ボトル三三万三〇〇〇本に相当する量である。また、ギリシアの貿易商および入植者が広めたのはワインだけではなかった。彼らはブドウ栽培に関する知識も広め、ワイン作りをシシリー島、南イタリア、南フランスに伝えた。ただし、スペインとポルトガルに関しては、ブドウ栽培を教えたのがギリシア人だったのか、それともフェニキア人（海洋文化を持つ人々で、現在のシリアおよびレバノン地域に拠っていた）だったのかはよくわかっていない。

中央フランスで発見された紀元前六世紀頃のケルト人の古墳では、荷馬車の骨組みの上に横たわる、高貴な若い女性のミイラが見つかった。荷馬車の車輪は取り外され、横に置かれていた。この墓から出土した貴重な品々のなかから、ギリシア製のワイン用の容器や杯のほか、精巧な装飾の施された巨大なクラテルも見つかった。同様の容器や杯は、ほかのケルト人の古墳でも発見されている。ギリシア・ワインおよびワイン用の容器や杯は、イタリアにも数多く輸出され、エトルリア人はシュンポシオンの習慣を取り入れ、自らの洗練さを誇示するためにこれを行ったという。

他文化の人々は、ワインの飲み方をはじめとするギリシアの習慣を高く評価し、これを積極的にまねた。つまり、ギリシア・ワインを運ぶ船は、ギリシア文明を運んでいたのである。ギリシア人たちはワインの詰まったアンフォラとともに、地中海沿岸だけでなく遠隔地にまで、自らの文明を広めた。こうしてワインはビールに代わり、最も文明的かつ洗練された飲み物となった。古代ギリシアの知的業績の数々と結びついているために、ワインは今もその地位を守り続けているのである。

第4章 ● 帝国のブドウの木

風呂とワインとセックスは人間の肉体をむしばむ。だが、風呂とワインとセックスのない人生に、生きる価値があるだろうか?

——碑文大全・第六巻

ギリシアとローマの価値観をつなぐ

紀元前二世紀の中頃までに、中部イタリア出身のローマ人がギリシア人に取って代わり、地中海沿岸地域における支配勢力になる。ただし、この勝利には少しばかり風変わりなところがあった。他の多くのヨーロッパ人と同じく、ローマ人はギリシア文化を愛でることで自らの洗練さを示したからだ。彼らはギリシアの神々および神話を拝借し、ギリシア文字を変形させた文字を取り入れ、ギリシアの農法をまねた。ローマ法もギリシアの法律がもとになっている。教養あるローマ人はギリシア文学を学び、ギリシア語も話した。このためローマ人のなかには、ローマはギリシアに勝利したと言われているが、実際には負けたのだ、という意見を口にする者もいた。ローマはギリシアの植民地シラクサの略奪後、ローマ人がギリシアの塑像を誇らしげに持ち帰った一方で、ギリシア文化を悪影響とみなしたローマの気難しい政治家大カトーは、「我々は勝利したが、敗者に征服されている」と、実に的を射た発言を残している。

大カトーをはじめとする懐疑派の人々は、ギリシア人とローマ人を比較し、ギリシア人は性格的に弱く、自堕落で信用できないが、ローマ人は現実的でまじめである、と評した。ギリシア文化には尊敬すべき資質が数多くあったが、すでに堕落して久しい。ギリシア人は輝かしい歴史に酔い、しゃれた会話と哲学的思索に溺れた、というのが彼らの論だった。だが、ローマ人がギリシア文化に多くを負っているという事実は否定し得なかった。ローマ人はその支配力を地中海沿岸地域を越えて広げ、その結果、ギリシア文化に染まりすぎることを懸念しながらも、父なるギリシア人の知的・芸術的遺産をかつてないほど広範囲に伝えたのである。

この矛盾を解決する役割をはたしたのがワインだった。ワインの生産と消費が、ギリシアとローマの価値観をつなぐ働きをしたのである。ローマ人は自らのルーツに誇りを持ち、ローマは慎み深い農夫が兵士および司令官になって作り上げた国であると考えていた。ローマの兵士は戦いに勝利すると、褒美としてしばしば農地を分け与えられた。農地で栽培する最も格式の高い作物はブドウだった。彼らはブドウを作ることで——ローマの豪農たちもギリシア様式の邸宅で豪勢な食事や宴を楽しんだが——農民というルーツに忠実であり続けている、と自らを納得させることができたのである。

大カトー自身も、ブドウ栽培は質素倹約を尊ぶローマの伝統的価値観と洗練されたギリシア文化を融和するための一つの方法と考えた。ブドウ栽培は地に足のついた実直な行為であり、その結果としてできるワインは文明の象徴だった。ワインはローマ人にとって、自分たちがどこから来て、なにになったのかをまさしく体現していた。ローマの軍事力が勤勉な農夫たちによって支えられていたことは、ローマの百人隊長の階級章がブドウの苗木を加工した木の棒だったことに象徴的に表れている。

すべてのブドウの木はローマに通ず

紀元前二世紀初頭、地中海のワイン交易の主役は依然としてギリシア・ワインであり、イタリア半島に大量に輸入されてくるのはギリシア・ワインだけだった。しかし、ワインの生産地が南の元ギリシア植民地から北へと広がるにつれて、ローマのワイン生産量は急速に増加する。半島の北部はエノトリア（「つるを這わせた地」と呼ばれた）として知られ、この頃にはすでにローマの支配下にあった。そして紀元前一四六年、北アフリカのカルタゴ陥落とギリシアの都市コリント略奪により、ローマが地中海一の権力を収める頃には、イタリア半島は世界一のワイン生産地域になったのである。

ギリシア文化を積極的に吸収し、各地に伝えたローマ人は、ギリシアの最上級ワインとワイン作りの技術も好んで取り入れている。ブドウの木をギリシアの島々から植樹したおかげで、たとえばキオス・ワインのイタリアでの生産も可能になった。ワイン生産者は、ギリシア・ワインのなかでも特に有名なもの、とりわけ海の香りがするコス島のワインをまね始め、コス産を示すコーアン（Coan）の名はたんに生産地を示すだけでなく、一つのスタイルにまで昇華した。ギリシアの有力なワイン生産者は次々にイタリアへと向かい、イタリアはワイン交易の新たな中心地になった。古代ローマの政治家で、博物学者としても知られる大プリニウスの概算によると、紀元七〇年までに、ローマ世界には著名なワインが八〇種類あり、その三分の二がイタリアで生産されていたという。

ワイン人気が高まると、自営農業では需要に追いつかなくなり、高潔な農夫という理想は、広大な農場で奴隷を使って大量に栽培するという、より商業的な農法に取って代わる。ワインの生産は穀物の生産を犠牲にして拡大したため、結果として、ローマは穀物をアフリカの植民地からの輸入に頼るようになった。大邸宅用の用地の拡大にともない、小規模農家は土地を売って都市に移り住んだ。そのため、田舎の人口が減少し、紀元前三〇〇年に約一〇万人だったローマの人口は、紀元〇年には約一〇〇万人に膨れあがり、ローマは世界一人口の多い都市となった。一方、ワイン生産熱がローマ世界の中心で高まるにつれて、ワインの消費はローマ世界の周辺部にまで広がる。ローマの支配がおよんでいるところはどこでも――いや、その範囲を越えた地域でも、ローマのほかの慣行とともに、人々はワインを飲む習慣を取り入れた。ブリトン人（訳註――現イギリスのあるブリテン島に渡ってきたケルト人）の富裕層はビールとはちみつ酒をやめ、はるかかなたのエーゲ海から輸入したワインを好むようになり、イタリア・ワインは南ナイルおよび北インドまで船で出荷された。

紀元一世紀、ローマ領となったガリア南部およびスペインのワイン生産高は、需要の高まりに合わせて急増したが、依然として、品質はイタリア・ワインが一番とみなされていた。

ワインは地中海のある地域から別の地域へ貨物船で運ばれた。二〇〇〇～三〇〇〇個の土製のアンフォラ型容器を輸送できる船が主に使われ、主役のワインのほかには、奴隷、ナッツ類、ガラス製品、香油、その他の高級品が積まれた。ワイン生産者のなかには、自分で作ったワインを自前の船で出荷する者もいた――沈没した当時の船内には、積荷のアンフォラ型容器に刻まれたワイン生産者の名前と碇《いかり》に刻まれた名前が一致するものが見つかっている。ワイン輸送用のアンフォラ型容器は一般に使い捨てで、目的をはたしたあとは、割ってしまうのが普通だった。生産地や中身、そのほかの情報が刻印されたアンフォラの取っ手が、ローマはもちろん、マルセイユ、アテネ、アレクサンドリアなどの地中海の港で多数発掘されている。こうした刻印の分析により、当時の交易図を作り、ローマ政治のワイン事業に対する影響力を知ることができる。古代ローマの巨大な倉庫オッレア・ガルバナの、高さ一五〇フィート（約四五メートル）にもおよぶ瓦礫の山から出土したアンフォラの取っ手は、ほとんどが紀元二年頃のスペイン・ワインのものである。紀元二年といえば、イタリア・ワインの生産が謎の衰退を遂げたあとのことで、その原因はおそらく伝染病と考えられている。紀元一九三年にセプティミウス・セヴェルスが政権の座についたのち、三世紀初頭には、北アフリカ・ワインが勢力を伸ばし始める。ローマ領スペインの商人たちは、セヴェルスのライバルであるアルビウス・クロディウスを擁護した。クロディウスは故郷レプティス・マーニャ（現在のトリポリ）周辺地域への投資を推進し、同地で生産されたワインを好んだ。

最高級ワインは、ほとんどがローマで消費された。ワイン船がローマの南西数キロのところにあるオスティアの港に到着すると、大勢の港湾作業員が不安定な渡り板の上を伝い、重く、扱いにくいアンフォラを慣れた手つきで次々と降ろした。船のそばには、アンフォラが一つでも海に落ちたらすぐに引き上げられるように、潜水夫を控えさせていた。ワインは小型の船に積み替えられ、テベレ川を遡るローマへの旅を続けた。ローマに到着すると、ワインは手作業で卸売り倉庫の薄暗い地下貯蔵室へと運ばれ、巨大なかめに移し替えられた。ワインを冷やしておくために、かめは地下に埋めてあった。ワインはここで小売業者に売られ、より小さなアンフォラに入れられ、手車に乗せられて狭い路地を進んだのである。紀元二世紀初めのローマの風刺作家ユベナルは、古代ローマの街路の喧噪を次のように表現している。

行く手を阻まれた
急いでいるのだが、前から巨大な人の群れが押し寄せ
うしろからも、大勢の人々が押し寄せてくる
肘だか、棒だかがぶつかり、さおだか、ワインかめだかが頭を打つ
そこら中から飛んできた泥が、脚にこびりついている
足は何度も靴で踏んづけられ、兵士の靴のスパイクが
わたしの足に突き刺さる

ワインはこのような雑然とした街路を無事通り抜けて店に到着し、一般的にはつぼに入れて、大

量のときはアンフォラに入れて売られた。人々は奴隷に空のつぼをたくさん持たせてワインを買いに行かせるか、あるいは定期的に届けさせた——ワイン売りは商品を手車に乗せて、一軒一軒家を回った。ローマ領のはるか遠くの各地で作られたワインが、こうしてローマ市民の食卓に並び、その口へと運ばれたのである。

富と地位とワインの格づけ

　ワインの選択が生死を分けるほどの大問題になることは、まずないだろう。しかし、ローマの政治家で、高名な雄弁家のマルクス・アントニウスの場合は、ワインの選択がまさしくその運命を決定づけたのである。紀元前八七年、アントニウスは、はてしなく続く権力闘争の一つに巻き込まれ、身の危険を感じた。高齢の司令官ガイウス・マリウスが権力を掌握し、ライバルであるスッラの支援者たちを情け容赦なく殺していたからだ。そこでマルクス・アントニウスは、社会的身分のかなり低い仲間の家に隠れることにした。まさか、そんな貧しい者の家までは探しに来ないだろう、と考えたのである。ところが、家の主人がうかつにも大切な客人アントニウスにふさわしいワインを召使いに買いに行かせ、そのせいでアントニウスの居場所がばれてしまう。召使いは近くのワイン店に行き、出されたものを味見したあと、いつものより美味で高価なワインはないか、と訊いた。店主が理由を問うと、召使いは客人の正体を明かしてしまった。店主はすぐさまマリウスにこれを伝え、マリウスはアントニウスを殺すために数人の兵士を送る。しかし、家に押し入ったはいいが、兵士たちはどうしてもアントニウスを殺すことができない。それほどまでに、アントニウスの雄弁の力は強大だった。結局、家の外で待っていた指揮官が様子を見になかに入り、兵士たちを臆病者と叱咤して、自ら刀を抜くと、アントニウスの首を落としたという。

ギリシア人と同じく、ローマ人もワインを万民が楽しめる飲み物と考えた。ワインはシーザーも奴隷も、同じく口にするものだった。ただし、ローマ人のワインの品質に対するこだわりは、ギリシア人の比ではなかった。マルクス・アントニウスをかくまった家の主人にとって、自分用の質の悪いワインをアントニウスに出すなどということは、絶対に考えられなかったのだろう。ワインの質の違いは社会階層の違いの象徴であり、高品質のワインはそれを飲む者の富と地位の証だった。ローマ社会の富裕層と貧困層との差は、ワイン盃の中身に如実に表れていた。富裕層の人々にとって、最上級のワインの銘柄の知識は、一般人との違いを示すために欠かせなかった。それは高級ワインを買う金銭的余裕と、銘柄について学ぶ時間的余裕があることの証だったのである。

当時、最上級のワインがカンパーニア地方産のイタリア・ワイン、ファレルヌムであることは、だれもが認めるところだった。ファレルヌムは高級ワインの代名詞になり、今も人々の記憶に残っている。ネアポリス（現在のナポリ）の南にあるファレルヌス山の斜面の特定地域で作られたブドウを原料とするものだけが、ファレルヌムとされた。斜面の最も高いところで作られるのがカウチネ・ファレルヌムで、最高品種のファウスティアン・ファレルヌムは山の中腹の、スッラの息子ファウストゥスの領地にある畑で取れたブドウから作られた。斜面の低いところで取れたワインは、たんにファレルヌムと呼ばれた。なかでも、一般に最低一〇年、理想的にはそれ以上の期間、黄金色になるまで寝かせた白ワインが最高級品とされた。生産地が限定されたうえ、長期間の熟成が必要だったため、ファレルヌムの値段はきわめて高く、当然、選ばれた者のためのワインとなった。ファレルヌムは神聖な起源を持つとさえ言われていた。神話では、さすらいのワインの神バッカス（ギリシア神ディオニュソスのローマ版）が、自分のことを神とは知らずに一晩泊めてくれた高潔な農夫への感謝のしるしとして、ファレルヌス山をブドウの木でいっぱいにしたとされている。また、バッカスはさらに、その農夫の家にあった牛乳をすべてワインに変えたとも伝えられている。

ファレルヌムのなかでも最も有名なのは、紀元前一二一年に作られ、当時の執政官オピミウスの名を取ってオピミアン・ファレルヌムと呼ばれたワインだろう。このワインは紀元前一世紀にジュリアス・シーザーが飲んだもので、紀元三九年には、一六〇年もののオピミアンが皇帝カリギュラに献上されている。紀元一世紀に活躍したローマの詩人マルティアリスは、ファレルヌムのことを「不死」と書いているが、さすがに製造から一六〇年経ったワインは飲めるようなものではなかっただろう。高級ローマ・ワインにはほかにカエクブム、スレンティヌム、セティヌムがあり、セティヌムは夏期、山から取ってきた雪を混ぜた飲み方が人気だった。大プリニウスをはじめ、ローマの作家のなかには、飲み物を冷たくするのは季節のありかたに反しており、不自然だと苦言を呈し、これを世の退廃を示す例の一つであると非難する者もいた。このように伝統主義者が昔ながらの質素倹約主義への回帰を訴えるうちに、食べ物や飲み物にこれ見よがしに金を費やしていると、貧民層の怒りを招くのではないか、と懸念する声も聞かれるようになった。

そこで、ローマの富裕層のぜいたく趣味を規制しようと、非常に多くの〝ぜいたく禁止法〟が成立した。もっとも、こうした法律が数多く作られたということは、裏を返せば、ほとんど守られな

祝宴でワインを楽しむローマの人々。

かったか、あるいは施行されなかったということなのだろう。紀元前一六一年には、一ヵ月の各日の食事代と娯楽代を規定する法律ができている。その後、結婚式および葬式のルールを定めた法律も制定され、どんな肉を出すか、あるいは出してはならないかを定め、なかには出すことを固く禁じられた食べ物もあった。また、男性は絹の衣類を着てはならない、金の盃の使用は宗教的儀式に限る、役人が監視できるように、家の食事室は外に面した窓のそばに作らなければならない、といった規則もあった。シーザーの時代には、監察官が市場を見回ったり、晩餐会に突然押し入ったりして禁止食材を没収することもあり、食事のメニューを提出して、当局の監査を受けねばならなかったという。

裕福なローマ人たちは最上級ワインを楽しみ、それほど豊かでない人々は質の劣るワインを飲んだ。階層が下がれば、ワインの程度も同じく下がるというわけだ。このように、ローマでは階層に応じてワインの種類がきわめて明確に分けられていたため、コンビビウムと呼ばれた晩餐会への出席者には、それぞれの社会的地位にふさわしいとされるワインが出された。コンビビウムとその原型であるギリシアのシュンポシオンにはさまざまな違いがあるが、これもその一つである。あくまでも理論上だが、シュンポシオンの参加者は同等の地位にある者として同じクラテルのワインを飲み、快楽と哲学的啓蒙を追求したとされている。一方のコンビビウムは社会的階層の違いを強調するための場であり、参加者が一時的に社会と隔絶して酩酊状態を楽しむためのものではなかった。

ギリシア人と同じく、ローマ人もワインに水を加えるという〝文明的〟な飲み方で楽しんだ——水は精巧な水道網を通じて都市に供給されていた。ただし、ローマの場合は各人が個々にワインと水を合わせるのが普通で、共同のクラテルは滅多に使われなかったようだ。席次もまた、シュンポシオンほど平等ではなく、高い地位の者だけが座る席が用意されていた。コンビビウムには、保護者《パトロン》とその保護を受ける隷属平民《クライアント》という関係にもとづくローマの階級制度が反映されていたのである。隷属平民は自分の保護者に依存し、その保護者もまた自身の保護者に依存しており、各保護者はなんらかの利益（金銭的手当、法的助言、政治的影響力など）を保護下にある平民に与え、その代わりとして特定の義務を課した。たとえば、隷属平民は毎朝、保護者につき添ってフォーラムと呼ばれる公共広場に行くことが定められていた。このときのお伴の数が保護者の権力の象徴だった。隷属平民は保護者に連れられてコンビビウムに行くと、ほかの客よりも低い扱いを受けることが多く、粗末な食べ物やワインを給仕され、ときには客たちの冗談の種にされることもあった。紀元一世紀後半に作家小プリニウスが書いたある夕食会に関する記述によると、会の主人とその友人には上質のワインが、ほかの客には二級品のワインが、奴隷から自由市民になった者には三級品のワインが出されたという。

質の悪い安物のワインには、保存料として、あるいは腐っていることを隠すために、しばしばさまざまな添加物が加えられた。たとえば、アンフォラの口をふさぐのに時折使われた瀝青や、ギリシア人をまねた少量の塩または海水などである。紀元一世紀に農業について書いたローマの作家コルメッラは、こうした保存料は注意して使えば、ワインの味を変えることなく加えることができる、と主張している。コルメッラの残したあるレシピによれば、添加物を加えることで、味をよくすることもできるという――白ワインに海水とフェヌグリーク（訳註――豆科の一年草。最古のハーブと言われる）を加えて発酵させると、現代のドライシェリーに非常によく似た、キレのいい、風味豊かなワインができるという。ワインとはちみつの混合種ムルスムは、チベリウスが皇帝だった時代に、しゃれた食前酒として人気で、バラの香りをつけたワインのロザトゥムも同じく食前酒として楽しまれた。ただし一般的には、香草やはちみつ、そのほかの添加物の目的は、あくまでも質の悪いワインの欠点を隠すことだった。旅行中にまずいワインをおいしく飲むために、香草などの香味料を携帯する者もいたという。古代ギリシア人やローマ人がワインに添加物を加えていたと聞くと、現代のワイン愛飲家は鼻で笑うかもしれないが、オーク材を利用して香りを加え、平凡なワインを口当たりのよいものに変えるのは、添加物を加えるのと同じことである。

こうした混ぜ物入りのワインよりもランクが落ちるのが、酸化して酢のようになったワインに水を加えたポスカだ。ポスカは一般的に、ローマ兵が長期の行軍中など、普通のワインが手に入らないときに飲むためのものだった。実際には、ローマ軍はこれを水を浄化するために使った。はりつけにされたイエス・キリストは、ローマ兵からワインに浸したスポンジを与えられたと言われているが、このワインはポスカだったのかもしれない。ローマのワインで最低ランクとされたのがローラで、奴隷に与えられるものだった。これはとてもワインとは言えない代物で、皮と種と茎というワイン作りのかすを再度絞って作られた、薄く、弱く、苦い飲み物だった。このように古代ローマには、伝説的高級ワインのファレルヌムから最低ランクのローラまで、各階層向けのワインが存在したのである。

薬としてのワイン

歴史上最も有名なワイン鑑定会の一つが、紀元一七〇年、ローマ皇帝のワイン貯蔵室で行われた。世界の中心にふさわしく、そこには世界最高のワインの数々が揃っていた。歴代の皇帝が金に糸目をつけずに作り上げた見事なコレクションである。細い筋状の陽光が差し込む、涼しく、湿気を帯びた貯蔵庫へとガレノスは向かった。マルクス・アウレリウス皇帝の専属医師ガレノスに課せられた使命は、世界一のワインを見つけるという、いささか風変わりなものだった。

ガレノスはペルガモン（現在のトルコのベルガマ）という、ローマ帝国東部のギリシア語圏の都市で生まれた。彼はアレクサンドリアで医学を学び、その後エジプトを旅して回り、インドおよびアフリカの医療について学んだ。ガレノスは先人ヒポクラテスの教えにもとづき、病気は身体の四種類の体液――血液、粘液、胆汁、黒胆汁――のバランスの崩れによって起きると考えた。余分な体液は身体の特定の部位に蓄積され、それが特定の気性や健康状態に関係する。たとえば、黒胆汁が脾臓にたまると、憂うつ、不眠、いらいらが生じる。体液のバランスは、瀉血《しゃけつ》などの手技で元に戻すことができる。食材の違い――熱い・冷たい、湿り気がある・乾いている――も体液に影響し、冷たくて湿り気のある食べ物は粘液を、熱く乾いた食べ物は胆汁の産出を促すとされた。このガレノスの体系的な理論は、彼の残した膨大な書物を通じて広まり、西洋医学の基礎として、千年以上にわたって多大な影響力を有した。まったくのでたらめだとわかったのは、一九世紀になってからのことである。

ワインに対するガレノスの関心は、すべてとは言わないが、主に職業的なものだった。若い頃、彼は医師として剣闘士の手当をし、その際、傷口の消毒にワインを用いている。これは当時の一般的な治療法だった。ワインはまた、ほかの食材と同様、体液の調節に利用できるとされていた。ガレノスはアウレリウス皇帝にワインやワインを元にした治療法を繰り返し処方している。ガレノスの体液理論によると、ワインは熱く乾燥している食材で、そのため胆汁の産出を促し、粘液を抑えるとされた。つまり、ワインは発熱している者（熱く乾いた病気）に与えてはならないが、風邪（冷たく湿った病気）の治療薬としては有効だという意味である。上質のワインほど医学的効果が高いとガレノスは信じており、「つねに最高のワインを調達するよう心がけること」と書き残している。皇帝つきの医師として、ガレノスはできるだけ良質なワインを処方したいと考えた。そこで彼はアンフォラの封の開閉役として貯蔵庫の管理人を連れ、ファレルヌム・ワインの貯蔵場所に直行したのである。

「世界各地の最上の物はすべて、この世の偉大なる者たちのもとに向かう」とガレノスは書いている。「そのなかから、世界一偉大な者にふさわしい、最も優れた物を選ばねばならない。そこでわたしは、ファレルヌム・ワインの入ったアンフォラの刻印をすべて調べ、二〇年もの以上のワインをすべて試飲した。苦みのまったくないワインが見つかるまで、わたしは試飲を続けた。なかにひとつ甘みが失われていない年代物があり、それが最高だった」。残念ながら、皇帝の最高の治療薬として選ばれたこのファウスティアン・ファレルヌムの生産年をガレノスは記録していない。ガレノスは皇帝に、このワインは医療目的以外では絶対に飲まないように、と強く進言している。皇帝は病気から、特に毒殺から身を守るために万能解毒薬を毎日飲んだが、これを胃に流し込む際にもこのワインは使われた。

解毒薬というアイデアを最初に思いついたのは、紀元前一世紀、現在のトルコ北部に当たるポントスの王ミトリダテス六世だとされている。ミトリダテスは何人もの囚人にさまざまな劇毒物を飲ませ、それぞれの毒に対して、解毒薬としてなにが最も効果的かを調べる実験を繰り返した。最終的に四一種の材料からなる解毒薬に落ち着き、ミトリダテスはこれを毎日飲んだ。味はかなりひどかったようだ（まむしの細切れも入っていた）が、おかげで毒殺の心配からは解放された。しかし、ミトリダテスは王位を息子に奪われ、塔に閉じ込められてしまう。彼は服毒自殺を図ったが、皮肉なことにどの毒も効き目がなく、結局、警護兵の一人に剣で刺させて絶命したという。

ガレノスはミトリダテスの処方を大幅に変え、材料をさらに増やしている。ガレノスの解毒薬――どんな毒にも効き、一般的な治療にも使える万能薬――の処方は、トカゲの粉、ケシの汁、各種香辛料、香料、ネズの実を抽出して取れるジュニパー・ベリー、生姜、ドクニンジンの種、干しブドウ、ウイキョウ、アニシード、甘草など、七一種類もの材料からなる。これをすべて飲み込んだあとでファレルヌムの味を楽しめたとはとても思えないが、アウレリウスは著名な医師の言葉を守り、世界最高のワインとともにこの万能薬を飲んだという。

なぜキリスト教徒はワインを飲み、イスラム教徒は飲まないのか？

マルクス・アウレリウスは紀元一八〇年に、毒ではなく、病気によって死んだ。死ぬまでの一週間は、解毒薬とファレルヌム・ワイン以外はいっさい口にしなかったという。アウレリウスの治世の終盤は比較的平和な、安定と繁栄がもたらされた時代であり、ローマの黄金期の終わりとされることが多い。このあと、王が次々に交代する時代が続く。自然死を迎えた王はほとんどおらず、皆、いたるところから襲いかかる蛮族から帝国を守るべく、必死に闘った。紀元三九五年、死の床に伏していたテオドシウス一世は、帝国を東西に分割し、息子をそれぞれの帝位につけた。敵の襲撃に備えやすくするためである。ところが、西ローマ帝国はまもなく崩壊し、紀元四一〇年にゲルマン民族の西ゴート族がローマを侵略、スペインの大部分と西ゴールにおよぶ王国を築いた。紀元四五五年、ローマは再びバンダル人に襲撃され、まもなく、かつての西ローマ帝国は無数の王国によって分割された。

何世紀にもわたってギリシア人およびローマ人が抱き続けた先入観によれば、北部の部族の流入によって、ワインを楽しむという洗練された文化が追いやられ、ビールを飲むという野蛮な習慣が広まった、ということになる。しかし、実際には、北ヨーロッパというブドウ栽培にあまり適さない地域の部族は下等なビール好きという評判に反して、彼らはワインに対する反感は持っていなかったようだ。もちろん、ローマ人の生活習慣の多くは廃止され、商業は混乱し、地域によってはワインが手に入りにくくなった。たとえば、ローマに征服されていたケルト人は、ローマ帝国が崩壊すると、ワインからビールに切り替えている。だがその一方で、ローマ人に代わる新たな支配者の登場とともに、ローマ人、キリスト教、ゲルマン民族の文化伝統の融合も見られた。その一例が地中海沿岸地域の人々のワインを飲む習慣で、これは広い地域で維持された。ワインは生活の一部として深く根づいていたために、ギリシアおよびローマが滅びたあとも、その習慣だけは生き残ったのである。たとえば、紀元五〜七世紀に策定された西ゴートの法律には、ブドウ畑に損害を与えた者に対する罰則が詳細に定められている。ただのビール好きの野蛮人なら、そこまでするはずがないだろう。

ワインを飲む文化が残ったもう一つの要因は、ワインとキリスト教信仰との密接な結びつきにある。キリスト教の台頭により、ワインは象徴として非常に重要な存在になった。聖書によると、ガリラヤ海のほとりで行われた婚礼の席で、六つの水がめの水をすべてワインに変えてみせたのが、キリストが最初に起こした奇跡とされている。キリストはワインに関するたとえ話をいくつか残しており、しばしば自分をブドウにたとえ、「我はブドウ、汝らは枝」と使徒らに言ったという。キリストは最後の晩餐で使徒にワインを与えたが、これが、キリストの肉体と血の象徴としてパンとワインを信徒に授ける聖餐《せいさん》というカトリックの重要な儀式の元になっている。ワインとキリスト教の結びつきは、多くの点において、ディオニュソスとバッカスの信奉者が築いた伝統が継承された結果と言える。このギリシアとローマのワインの神はどちらも、イエス・キリストと同じく、ワインを作ってみせるという奇跡を起こし、死後に復活している。ディオニュソスないしバッカスの信奉者は、キリスト教徒と同じく、ワインを飲むことを神と交流するための儀式と考えていたのである。だが、両者には明らかな違いもある。キリスト教の儀式はディオニュソスの信奉者が行った儀式とはまるで別物で、前者がごく少量のワインしか用いないのに対して、後者には過剰なほど大量のワインが必要だった。

一般には、キリスト教教会が聖餐にワインを用いたことが、ローマ帝国崩壊後の暗黒の時代もワイン生産が続いた主な理由の一つである、と言われている。たしかにキリスト教信仰とワインは密接な関係にあるが、この説は誇張にすぎるだろう。聖餐に必要なワインはごく少量で、一一〇〇年にはすでに、ワインを聖杯から飲むのは儀式を執り行う司祭だけで、信徒はパンのみを拝領することのほうが多くなっていたからだ。教会の敷地内、あるいは修道院の畑で採れたブドウで作ったワインはほとんど、聖職者たちが飲むためのものだった。たとえばベネディクト修道僧には、一日約二五〇ミリリットルの半分のワインが毎日支給された。敷地内で作ったワインの売り上げが重要な収入源という教会さえあった。

ワイン文化はヨーロッパのキリスト教圏で存続したが、そのほかの元ローマ帝国領土では、飲み方が劇的に変わった。イスラム教の台頭のためである。イスラム教の開祖である預言者ムハンマドは紀元五七〇年頃に生まれ、四〇歳のときに神の声を聞いて預言者になり、聖典コーランを神アラーから啓示される。その斬新な教義は、アラブの伝統的宗教の信仰にもとづいて繁栄したメッカでは受け入れられず、激しく迫害されたため、ムハンマドはメディナに逃れる。このメディナにおいて、ムハンマドは支持者を増やしていくことになる。紀元六三二年、ムハンマドが死亡する頃にはすでに、イスラム教はアラビアで最も有力な宗教になっていた。それから一世紀後までには、ムハンマドの信徒はペルシア、メソポタミア、パレスチナおよびシリア、エジプトを含む北アフリカ海岸の全域とスペインの大半を征服していた。イスラム教徒の義務には、頻繁に行うお祈り、施しのほかに、禁酒が含まれている。

言い伝えでは、ムハンマドがアルコールを禁じるきっかけは、酒宴の席で、二人の弟子が衝突したことだったとされている。このような事態を避けるための方法についてムハンマドがアラーに訊ねると、その答えは有無を言わせぬものだったという。「ワインと賭け事は悪魔が作り出した醜悪なものであるから、手を出してはならぬ。そうすれば、汝等は富み栄えることができるだろう。悪魔はワインと賭け事を利用して、汝等の敵意と憎悪をかき立て、アラーの存在を忘れ、祈りを怠らせようとしている。これらを慎んではどうか?」。そして、この規則を破った者にはだれであろうとも、四〇回のむち打ちの罰則が課せられた。もっとも実際には、イスラム教がアルコールを禁制にしたのは、文化的勢力の広まりとも関係があったのだろう。イスラム教の台頭とともに、権力は地中海沿岸の人々から、アラビアの砂漠に暮らす部族へと移った。アラビアの人々は車輪のついた乗り物ではなくラクダを、いすとテーブルではなくクッションを使い、洗練の象徴として最も重要な意味を持つワインの消費を禁じることで、ギリシア人やローマ人よりも自分たちのほうが優れていることを示そうとした。こうすることで、イスラム教徒はそれまでの文明の概念をはっきりと拒絶したのである。ライバルであるキリスト教においてワインが中心的役割を担うことも、イスラム教がワインを忌み嫌う傾向をあと押しした。彼らはワインを医療目的で用いることさえ禁じ、その後、ほかのアルコール飲料も同じく禁止にする。イスラム教の普及にともなって、アルコール禁制も広まったというわけである。

ところが、なかにはアルコール類の規制がそれほど厳格ではない地域もあった。アブー・ヌワースをはじめとするアラブの詩人の作品には、ワインを賞賛する言葉が見られるし、たとえばスペインとポルトガルでは、違法だったにもかかわらず、ワイン作りが続けられていた。さらにはムハンマド自身もナツメヤシのワイン――ブドウのワインよりも軽かった――を楽しんだと言われており、スペインのイスラム教徒たちからは、ムハンマドはワインそのものを禁じたのではなく、飲みすぎを戒めたのではないか、という声も上がった。ブドウのワインだけが厳しく禁じられているのは、おそらくアルコールが強いからで、薄めてナツメヤシのワインと同じくらいの強さにすれば、飲んでもいいのではないか。このような解釈にもとづく行動は物議を呼んだが、これである程度の自由が生まれたのはたしかである。実際、イスラム世界のいくつかの地域では、ギリシアのシュンポシオンに似た、ワインを楽しむ酒宴が人気を博していたようだ。ワインに水を加えると、その威力が著しく弱まる――つまり、ムハンマドの楽園の思想と合うと考えたのだろう。ムハンマドによれば、その楽園は庭園であり、正しき者たちが「混じりけのないワインを飲むところである。ワインは、寵愛を受けた人々が活力を取り戻す泉、タスニムの水で和らげられている」という。

紀元七三二年、中央フランスにおけるトゥール・ポワチエの戦いで、イスラム軍はカール・マルテルに破れ、イスラム教のヨーロッパ進出は中断する。マルテルはフランク王国――現代のフランスに位置する――で最もカリスマ性があると謳われた宮宰だった。これは世界の歴史を変えた戦いの一つと言われ、当時、ヨーロッパにおけるアラブの影響力が絶頂期にあったことを証明している。その後、紀元八〇〇年にマルテルの孫シャルルマーニュが神聖ローマ帝国皇帝となり、ヨーロッパ文化の統合と再活性化の時代が幕を開けるのである。

ワインが伝えるギリシア・ローマの栄光

「ああ、悲しいかな！」これは学者でシャルルマーニュの相談役のアルカンが、九世紀初頭にイングランドから友人へ宛てた手紙の一節だ。「皮袋のワインが底をつき、苦いビールは腹のなかで暴れる。せめて飲めないわたしたちのために乾杯し、楽しい日をおすごしください」。このアルカンの嘆きから、イングランドには、ほかの北ヨーロッパ諸国と同様、ワインがほとんどなかったことがよくわかる。ワインの生産が不可能で、輸入に頼るしかなかった地域では、ビールとはちみつ酒（そして、穀物にはちみつを加えて発酵させた混合酒）が主流だった。北ヨーロッパはビール、南はワインという区分は現在も続いている。現代のヨーロッパ人のアルコールの飲み方の傾向は四～六世紀頃に形作られたもので、そのほとんどはギリシアおよびローマの影響力がおよんだかどうかに大きく左右されている。

適度な量を食事とともに楽しむというワインの飲み方は、ローマ帝国の元領土のヨーロッパ南部で、現在でも広く行われている。一方、ローマの支配がおよばなかった北部ではビールが主で、しかも飲むときに食べ物は取らないのがより一般的だ。今日、世界のワインの生産量の上位三ヵ国はフランス、イタリア、スペインで、ワインの消費量は、ルクセンブルグ、フランス、イタリアが最も多く、年間に一人平均およそ五五リットル飲むと言われている。これに対して、ビールの消費量が最も多い国は、ドイツ、オーストリア、ベルギー、デンマーク、チェコ、英国、アイルランドなど、古代ローマ人から「野蛮人」とみなされていた地域が主である。

ギリシア人とローマ人のワインに対する態度は、もともと古代の近東文化のなかでその基礎が作られたものだが、さまざまな形で現在まで受け継がれ、世界各地に広まっている。アルコールを飲むどの国でも、ワインは最も洗練された文化的な飲み物と考えられている。こうした国々の公式晩餐会や政治サミットでは、ビールではなく、ワインが出されるのが普通で、現代においてもワインが富、権力、地位と密接な関係にあることがわかる。

ワインはまた、優れた鑑識眼を披露し、社会的地位の違いを表明する最高の舞台も与えてくれる。異なる地域のワインを愛でる習慣は古代ギリシアに始まり、ワインの種類と飲む者の社会的地位との結びつきは、古代ローマ人によってより強固なものになった。シュンポシオンおよびコンビビウムは、郊外のディナー・パーティーの形で今も生き続けている。ややフォーマルな雰囲気のなか、食べる順番、ナイフやフォーク、スプーンの位置などのルールに従いながら、人々はワインを飲み、同じ話題（政治、ビジネス、出世、住宅価格など）について、まるで儀式のように繰り返し語り合う。ワイン選びはパーティーの主催者の仕事で、なにを選ぶかはパーティーの重要性と、主催者および招待客の社会的地位によって決まる。もしも古代ローマ人がタイムマシンに乗って現われ、この光景を目にしたとしても、なにが行われているのかをすぐに理解することだろう。

第3部

植民地時代の蒸留酒《スピリッツ》

第5章

蒸留酒《スピリッツ》と公海

ワインは湯煎で蒸留できる。
蒸留すると、ワインはバラ香水のような色になる。
――アブ・ヤスフ・ヤクブ・イブン・イシャク・アル＝サバー・アル＝キンディ
（アラビアの科学者・哲学者、八〇一～八七三年）。『香水と蒸留の化学の書』より。

錬金術師の実験室

一〇世紀末の西ヨーロッパにおいて最も偉大かつ文化的だった都市は、ローマでもパリでもロンドンでもなく、現在のスペイン南部に位置するアラブ・アンダルシアの首都コルドバだった。コルドバには数々の公園、宮殿、石畳の道路、街路を照らすオイル・ランプ、七〇〇のイスラム教寺院、三〇〇の公衆浴場、そして大規模な排水・下水設備がそろっていた。なかでもとりわけ立派だったのは、九七〇年頃に完成した公共図書館で、五〇万冊近くもの書籍を所蔵していた――ヨーロッパのどの図書館、いや、ヨーロッパのほとんどの国の蔵書よりも多い書籍数だ。しかも、この都市には図書館がほかに七〇もあったのである。一〇世紀のドイツの年代記編者ロスビータがコルドバのことを「世界の宝石」と称したのも不思議ではない。

コルドバはアラビア世界の学問の重要な中心地だが、アラビアにはほかにも同様の都市がいくつもあった。全盛期のアラビアは、フランスのピレネー山脈から中央アジアのパミール高原、南はインドのインダス渓谷まで延びる広大な領土を誇っていたのである。大半のヨーロッパ諸国で古代ギリシア人の叡智が失われていた時代に、コルドバ、ダマスカス、バグダッドのアラビア人学者は天文学、数学、医学、哲学といった分野でさらなる発展を遂げるため、ギリシア、インド、ペルシアの知識をもとに前進を続けていた。アストロラーベと呼ばれる天文観測儀、代数学、近代的な記数法を開発し、香草を麻酔剤として初めて使い、さらに羅針盤（中国から入ってきたもの）、三角法、海図を利用した新しい航海術を編み出した。新しい種類の飲み物を作る技術を洗練および一般化したのも、そうした数多くの功績の一つだった――蒸留法という技術である。

蒸留法とは、成分を単離・精製するために、液体をいったん蒸発させてから再び凝結するというもので、誕生は古代にまでさかのぼる。紀元前四〇〇〇～三〇〇〇年代のものと思われる簡単な作りの蒸留装置がメソポタミア北部で見つかっており、のちのくさび形文字の碑文によれば、これは香水を作るのに使われたようだ。ギリシア人とローマ人もこの技術に精通しており、たとえばアリストテレスは、沸騰した塩水の蒸気はしょっぱくないことに気づいている。ただし、ワインを蒸留する習慣を取り入れたのはアラブ世界が初めてだった。これに関して有名なのが、化学の父のひとりとして知られる八世紀のアラビア人学者ジャビール・イブン・ハイヤーンである。ハイヤーンは洗練された蒸留用の装置、つまり蒸留器を考案し、ほかのアラビアの錬金術師たちとともに、さまざまな実験に用いるため、ワインをはじめ、いろいろな物質を蒸留した。

ワインを蒸留すると、かなり強い酒ができる。アルコールの沸点(七八度C)が、水のそれ(一〇〇度C)よりも低いからだ。ワインをゆっくりと加熱すると、液体が沸騰を始める前に、表面から蒸気が上がる。アルコールの沸点は低いため、この蒸気はもとの液体よりもアルコールの割合が多く、水分が少ない。この蒸気を取り出し、再び凝結させると、ワインよりもはるかにアルコール濃度の高い液体ができるというわけだ。ただし、この液体は純粋なアルコールからはほど遠い。一〇〇度Cより低い温度でも、ある程度の水分や、そのほかの不純物が蒸発するからだ。しかし、蒸留を繰り返すことでアルコール濃度をさらに高めることは可能で、この過程を精留という。

蒸留の知識は、アラビア人学者が守り、そして発展させた数ある古代の叡智の一つだった。こうした古代の叡智がアラビア語からラテン語に翻訳され、西ヨーロッパの人々の学問の精神に再び火をつける役割をはたしたのである。ある種の蒸留器を指すalembic(アレンビック)という単語には、古代ギリシア人の知識とアラビア人の革新性の両方が現われている。この単語はアラビア語のal-ambiq（アル＝アンビク）から来ているが、語源は蒸留用の特殊な形のつぼを指すギリシア語のambix（アンビックス）だからである。同様に、今日のalcohol（アルコール）という単語は、蒸留酒の起源がアラビアの錬金術師の実験室にあることを表している。その語源は、精製したアンチ

中世の実験室における蒸留の様子。蒸留酒の製造は最初、ごく限られた者しか知らない、不可解な錬金術の一つだった。

モンの黒い粉末――まぶたに塗る化粧品として使われていた――の al-koh'l で、錬金術師がこの言葉を液体をはじめとする高度に精製されたほかの物質を指す一般名詞として使うようになった。そのため、蒸留したワインはのちに、英語で「アルコール・オブ・ワイン（ワインの精製物）」と呼ばれるようになったのである。

錬金術師の実験室という人目につかない場所でひっそりと生まれた蒸留酒は、ヨーロッパの探検家たちが世界中に植民地を、そして帝国を築く大航海時代を特徴づける飲み物となる。蒸留酒は船に載せて運ぶのに都合のいい、コンパクトで長持ちのするアルコール飲料であるばかりか、ほかにも幅広い用途があったからだ。蒸留酒はきわめて重要な経済財となり、その課税および管理の方法が、歴史の行方を左右する大きな政治的問題にまで発展する。最初にワインを蒸留した禁欲的なアラビア人学者たちは、これを日々の飲み物ではなく、錬金術の原料、または薬と見なしていた。蒸留の知識がヨーロッパのキリスト教諸国に普及して初めて、蒸留酒はより多くの人々に消費されるようになったのである。

燃える水の奇跡

一三八六年のある冬の晩、今のスペイン北部に位置した小さな王国ナバレの王チャールズ二世の寝室に、王宮の医師たちが呼ばれた。王は在位後まもなく、ひどく残忍なやり方で反乱を鎮圧したことから、「悪者チャールズ（Charles the Bad）」と呼ばれていた。チャールズの一番の楽しみは、義理の父であるフランス王への陰謀を計画することだった。その晩、チャールズは激しい熱と麻痺に襲われ、苦しんでいた。医師たちは奇跡的な治癒力があると評判で、まるで魔法のような製法で作られる薬を投与することにした――ワインを蒸留してできる薬である。

この奇抜な製法を初めて試みたヨーロッパ人のひとりが、一二世紀のイタリア人錬金術師ミカエル・サレルヌスである。サレルヌスはこれをアラビアの文献から学び、「純粋で非常に強いワインに少量の塩を加えたものを普通の器で蒸留すれば、火をつけると燃え上がる液体ができる」と書いている。サレルヌスはこの文章のいくつかのキーワード（「ワイン」「塩」など）を秘密の暗号で記しており、この方法が当時、ごく限られた者にしか知られていなかったのは間違いないだろう。蒸留したワインは火がつくため、「燃える水」を意味する「アックア・アールデーンス（aqua ardens）」という名で呼ばれた。

もちろん、〝燃える〟とは、蒸留したワインを飲み込んだあとで喉に起きる不快な感覚のことでもあった。だが、アックア・アールデーンスを少量飲んだ人々は、最初の不快感――香草でごまかすこともあった――など、その後すぐに訪れる高揚感と幸福感に比べればなんでもないことに気づく。ワインが薬として広く利用されているのだから、濃縮・精製したワインならば、当然、さらに強力な治癒効果が期待できると人々は考えたのである。一三世紀後半、大学と医学校がヨーロッパ中に数多く設立されるなか、蒸留したワインは数々のラテン語の医学専門書で「アックア・ヴィータ（aqua vitae）」――〝命の水〟――と呼ばれ、奇跡的な力を持つ新たな薬として称賛された。

フランスのモンペリエの医学校の教授アルノー・ド・ヴィルヌーブは蒸留したワインの治療効果を固く信じた者のひとりで、一三〇〇年頃にワインの蒸留法の指導法を作成し、次のように書いている。「命の水は尊い滴の形で生じる。三〜四回蒸留を続け、精留してできたこの滴は、我々にワインの素晴らしい本質を与えてくれるだろう。我々はこれをアックア・ヴィータと呼ぶ。その名のとおり、まさしく不死の水だからだ。これには寿命を延ばし、悪い体液を取り去り、心臓に元気を取り戻し、若さを保つ働きがある」

「アックア・ヴィータ」は超自然的な存在のように思われていたが、ある意味、そのとおりだった。蒸留したワインのアルコール濃度は、自然発酵で作られるどの飲み物と比べても、はるかに高いからである。最も強いイースト菌でも、アルコール濃度が約一五パーセント以上になると生きられないため、当然、これが醸造飲料のアルコール度数の限界となる（訳註――日本酒は醸造酒だが、独自の発酵方式によるため、アルコール度数は原酒で二〇パーセントとワインよりも高い）。だが、錬金術師は蒸留によって、数千年前に発酵が発見されて以来続いてきたこの限界を越えたのである。アルノーの教え子レイモンド・ルルスは、アックア・ヴィータは「人間に新たに開示された要素であり、その存在は古代より隠され続けてきた。当時まだ人類は若く、現代人の老衰した活力を回復させることを運命づけられたこの飲料を必要としなかったからだ」と書いている。アルノーとルルスはふたりとも七〇歳以上という、当時の一般的な寿命よりもはるかに長く生きており、これもアックア・ヴィータの長寿効果を証明するもの、と考えられたのかもしれない。

新しく発見されたこの素晴らしい薬は、服用しても、患部に直接塗ってもよい、とされた。アックア・ヴィータの支持者たちは、この薬があれば、若さを保ち、記憶力を高め、脳、神経、関節の病を癒し、心臓に元気を取り戻し、歯痛を鎮め、失明、言語障害、麻痺を治し、さらには疫病も予防できる、と信じていた。要するに、万能薬と考えられていたのである。だからこそ、チャールズ二世の医師たちはアックア・ヴィータを投与することにしたのだろう。ろうそくの明かりのそばで、医師たちはアックア・ヴィータに浸したシーツで王を包んだ。この魔法の液体に触れれば、身体の麻痺が鎮まるのではないか、と考えての治療だったが、これが悲劇を招く。ある召使いの不注意でろうそくの火がシーツに引火し、王はあっという間に、燃えさかる炎に包まれてしまった。王が火に焼かれ苦しみながら死んだのは神の裁きが下ったからだ、と臣民は考えたという。死の前、王は大幅な増税を命じていたからである。

一五世紀に入り、蒸留の知識が普及するにつれて、アックア・ヴィータは薬から楽しむための飲み物へと変わり始める。この変化をあと押ししたのが、ヨハネス・グーテンベルクが一四三〇年代に発明した印刷という新たな技術だった（何世紀か前に、中国ではすでに同様の技術が生まれていたが、少なくともヨーロッパ人にとっては目新しかった）。蒸留に関する初の印刷本を執筆したのはミハエル・パフ・フォン・シュリックというオーストリアの医師で、一四七八年にアウクスブルクで出版された。この本は大変な人気を博し、一五〇〇年までに一四版を重ねた。フォン・シュリックは同書のなかで、スプーンに半分のアックア・ヴィータを毎朝飲むと、病の予防になり、また死を目前に控えた人の口にアックア・ヴィータを少量流し込むと、最後のひと言を発する力を与えると書いている。

だが大半の人々にとって、アックア・ヴィータの魅力は、あると噂される医学的効果ではなく、短時間で簡単に酔わせてくれるところだった。蒸留酒は北ヨーロッパの寒冷地、ワインが手に入りにくく、高値で取り引きされていた地域でとりわけ人気が高かった。ビールを蒸留することで、彼らにも自分たちの土地の材料で強いアルコール飲料を作ることが可能になったのである。アックア・ヴィータを意味するゲール語「ウシュク・ベーハー」は「ウィスキー」の語源である。この新しい飲み物はすぐにアイルランド人の生活様式の一部になった。ある年代記編者は、アイルランドの首長の息子リチャード・マクラグネイルの一四〇五年の死について記し、死んだのは「命の水を飲みすぎたあとのことだった。リチャードにとっては死の水だったのである」と書いている。

ほかのヨーロッパ諸国では、アックア・ヴィータは「燃やしたワイン」と呼ばれ、ドイツ語では「ブラントヴァイン(branntwein)」、英語では「ブランデーワイン(brandywine)」またはたんに「ブランデー」と翻訳された。人々は家庭でワインを蒸留し、祭日に売り出すようになる。この慣習が広まり、さまざまな問題が起きたために、ドイツの都市ニュルンベルクでは一四九六年にこれを厳しく禁じている。同地のある医師はこう書いている。「現在、だれもがアックア・ヴィータを習慣的に飲んでいる。紳士的に振る舞いたいのなら、自分の飲める量を知り、それぞれの許容量に応じた飲み方ができねばならない」

蒸留酒、砂糖、奴隷

蒸留酒という新しい飲み物が登場したのはちょうど、ヨーロッパの探検家たちが海路を切り開き、アフリカの南端を回って東方に達し、大西洋を横断して新世界、つまり西半球とのつながりを初めて確立した頃でもあった。こうした動きに先鞭をつけたのがポルトガルの探検家で、彼らはアフリカ西岸を開拓し、近隣の大西洋上の島々を発見、植民地化した——南北アメリカ大陸発見に至る最初の足がかりである。こうした探検を計画し、資金を出したのがポルトガルのエンリケ王子で、またの名をエンリケ航海王子といった。エンリケ王子自身は一生のほとんどをポルトガル国内ですごしており、海外に出たのは三度しかなく、しかも行き先は北アフリカだった（三回とも軍事遠征で、毎回エンリケは指揮官としての名声を一度失っては回復している）が、サグレスの「王子の村」から、ポルトガルの野心的な探検航海を陰で操った。エンリケ王子は探検航海に資金を提供し、受け取った報告書と観察結果と地図をつき合わせては、計画を練った。王子はまた、探検隊の船長に対して、羅針盤や三角法、そして蒸留と同じくアラビア人によって西ヨーロッパにもたらされた天文観測儀のアストロラーべなど、新しい技術を航海に取り入れることも奨励した。ポルトガルやスペインなど、当時のヨーロッパの探検家の最大の目的は、香辛料交易におけるアラビアの独占状態に割って入るために、東インド諸島に到達する新たな海路を見つけることだった。だが、皮肉なことに、彼らの成功はアラビア人がもたらした技術に負うところが少なくなかったのである。

マデイラ、アゾレス、カナリアといった大西洋上の島々は砂糖——これも、アラビア人から教えられたものの一つである——の生産に理想的な場所だったが、さとうきびの栽培には大量の水と人的資源が欠かせなかった。アラビア人は領土を西に拡大した時期に、かんがい技術の幅広い知識を蓄え、水を送るスクリュー、ペルシア人の発明である地下水道、水力によるさとうきびの圧搾機など、労力を節約するための数々の設備を実用化していたが、それでもなお、砂糖の生産は主に東アフリカから連れてきた奴隷なしにはあり得なかった。ヨーロッパ人は十字軍の遠征中にアラビア人のさとうきび畑を次々に奪ったが、彼らには砂糖作りに関する十分な知識がなく、生産を維持するには、さらに多くの人的資源が必要だった。そこで一四四〇年代、彼らはアフリカ西岸の交易所から黒人奴隷を連れてくるようになる。最初は拉致していたのだが、まもなく、ヨーロッパの品々と交換に、アフリカの商人から奴隷を買うようになった。

宗教的な理由もあり、ヨーロッパでは古代ローマ時代以来、大量の奴隷を使うことはなかった。原則として、キリスト教徒が同じキリスト教徒を奴隷にすることは禁じられていたからである。しかし、アフリカとの奴隷貿易に対する神学上の反対意見については、彼らは聞こえないふりをしたか、あるいは怪しげな論拠を次々に挙げることで、批判をかわした。まず、ヨーロッパ人は奴隷を買い、キリスト教徒に改宗させることで、アフリカの黒人をイスラム教の誤った教義から救出するのだ、という主張がなされた。続いて別の論が登場する。神学者のなかに、アフリカの黒人は完全な人間とは言えず、キリスト教徒になる資格がないのだから、奴隷にしてもいい、と主張する者が現われたのである。また、アフリカの黒人はノアの息子「ハムの子供」であり、彼らを奴隷にすることは聖書が認めている、と唱える者もいた（訳註――聖書に、ノアがハムの息子カナンに対して「カナンは呪われよ。奴隷の奴隷となり、兄たちに仕えよ」と言う一節がある）。少なくとも当初は、こうした狡猾な論理が社会的に広く受け入れられていたわけではなかったが、大西洋上の島々は本土から遠く離れていたため、奴隷の強制労働の事実が人々の耳に入らないよう、うまく隠しておくことができたのである。一五〇〇年までに、奴隷の導入によりマデイラ諸島はいくつかの圧搾機と二〇〇〇人の奴隷を備えた、世界最大の砂糖の輸出地になっていた。

奴隷を使っての砂糖生産は、一四九二年、クリストファー・コロンブスによる新世界の発見によって、劇的に拡大する。コロンブスは西廻りで東インド諸島に至る海路を探していたのだが、発見したのはカリブ諸島だった。航海を支援したスペイン王宮に金も香辛料も絹も持ち帰れなかったが、そこは砂糖の生産事業に理想的である、とコロンブスは断言する。彼はこの事業に詳しかったのである。一四九三年、新世界への二度目の航海に、コロンブスはカナリア諸島のさとうきびを持っていった。さとうきびの栽培はその後まもなくスペイン領カリブ諸島と、南アメリカ大陸のポルトガル領、現在のブラジルにあたる地域で始まった。だが、先住民を奴隷化する試みは失敗した。先住民が次々に、旧世界、つまりヨーロッパから持ち込まれた病に倒れたからである。そこで、植民地開拓者たちはアフリカから直接奴隷の輸入を開始する。それから四世紀にわたり、およそ一一〇〇万人の奴隷がアフリカから連れてこられた。もっとも、実際に船に積まれた人数はこれよりもはるかに多かった。アフリカで捕えられた人々の半数は航海中に死んだからである。この奴隷貿易で中心的な役割を担ったのが蒸留酒で、一七世紀にはイギリス、フランス、オランダもカリブ諸島でさとうきびのプランテーションを作り、奴隷貿易はますます盛んになっていった。

アフリカの奴隷商人が奴隷との交換品としてヨーロッパ人から受け取ったのは、布地、貝殻、金属製の器、水差し、銅板など多岐にわたるが、なかでも一番欲しがったのは強いアルコール飲料だった。アフリカではさまざまな地域で、ヤシ酒、はちみつ酒、いろいろな種類のビールなど、古代から存在するアルコール類が飲まれていたのだが、ヨーロッパからやってくるアルコールは、ある商人によると、アフリカ中の「どこでも人気の」品で、イスラム教地域の人々でさえこれを求めたという。ポルトガルが中心だった奴隷売買の初期に、アフリカの奴隷商人は強いポルトガル・ワインの味を覚えたのである。一五一〇年、ポルトガルの旅行者ヴァレンチン・フェルナンデスは、セネガルの部族ウォロフ族のことを「我々のワインで大いなる喜びを得る酔っぱらい」と書いている。

ワインは通貨の代わりとして便利な品だったが、ヨーロッパの奴隷商人はすぐに、ブランデーのほうがさらに有用であることに気づく。ブランデーならば、雑然とした船内で、場所を取らずにより多くのアルコールを積むことができるうえ、高いアルコール濃度のおかげで保存が利くため、ワインよりも航海中に傷みにくいという利点もあったからだ。アフリカの人々が蒸留酒を高く評価したのは、彼らの飲んでいた穀物を原料とするビールやヤシ酒よりも、はるかにアルコール濃度が高い、つまり〝酔える〟からだった。アフリカの奴隷商人のあいだでは次第に、輸入したアルコール飲料を飲むことが名声の証となる。多くの場合、奴隷との交換品で最も貴重なのは布地だったが、アルコール類、とりわけブランデーは最も誉れ高い品とされたのである。

まもなく、アフリカの奴隷商人と交渉を始める前には、大量のアルコール飲料——ダシーまたはビジーと呼ばれた——を贈り物として渡すことが、ヨーロッパ商人たちのあいだで通例となる。ヨーロッパとアフリカの人々は、ポルトガル語とアフリカ語をミックスしたピジン語で会話をした。あるフランス人貿易商の記録によると、たとえば「クア・クア」は「絹」、「シンゴ・ミー・ミオンボー」は「強い酒をください」という意味だという。イギリス海軍医で、奴隷貿易の年代記をまとめたジョン・アトキンスによれば、アフリカの奴隷商人たちは「酒を飲まぬ輩とは絶対に取引に応じなかった」という。オランダの奴隷商ウィリアム・ボスマンは、奴隷船の船長に対して、現地の指導者と主要な貿易商には毎日ブランデーを贈るように、と提言している。ボスマンはまた、ウィダのアフリカ人は、十分な量のダシーを贈り物として持っていかない限り商売に応じないだろうとも忠告し、「ウィダで貿易をしたいのならば、ダシーで彼らの機嫌を取らねばならない」と書いている。

ブランデーは別の形でも、奴隷貿易の潤滑油的な働きをした。ある記録によれば、ヨーロッパの船と陸のあいだを往復して品々を運ぶカヌーの漕ぎ手は、専属料として一日あたりブランデーを一本受け取り、実際に仕事をした日にはさらに二〜四本、日曜日に仕事をした場合は、追加報酬としてもう一本受け取った。奴隷を海岸近くの収容場から船まで連れていく見張り役への支払いもブランデーだった。そして、蒸留酒と奴隷と砂糖の結びつきは、その後、砂糖の生産過程の廃棄物から作る強力なアルコール飲料、ラム酒の登場によって、さらに強化されることになる。

キル・デビル（悪魔殺し）から、世界的飲み物へ

一六四七年の九月のある日、リチャード・リゴンというイギリス人がアキレス号の甲板から、カリブ海に浮かぶバルバドス島の姿を見た。「この幸福そうな島は、近づくにつれて、我々の目になおいっそう美しく映った」と、リゴンは航海記に書いている。しかし、リゴンたちは上陸してすぐに、美しいのは外見だけだったことを知る。バルバドスではちょうど、疫病が大流行中だったからである。このために一行の計画は大きく乱れ、本来の滞在予定は数日間だったのだが、リゴンは結局、この島に三年間とどまった。彼は滞在中に島の動植物、人々の習慣、さとうきびプランテーショ

ンの稼働状況について詳細な記録をまとめている。

一六二七年、バルバドス島に初めて上陸したイギリスの入植者は、そこが無人島であることを知り、まずはタバコの生産を試みた。当時、タバコはすでにイギリス本国で人気を博しており、北アメリカの植民地バージニアで採算の取れる作物であることが証明されていたからだ。しかしバルバドスのタバコは、リゴンによると「全世界で最低」だった。そこで入植者たちは、ブラジルからさとうきびと、砂糖作りの設備および専門知識を持ち込むことにする。こうしてリゴンの滞在中、砂糖はバルバドス島における最も重要な産物としての地位を確立したのである。砂糖の生産は奴隷の労働力によって成り立っていた。リゴンはこの島で、奴隷制を正当化する宗教的論理を目の当たりにする。リゴンがある黒人奴隷に羅針盤の仕組みについて説明していると、その奴隷から、キリスト教に改宗したいと言われた。「キリスト教徒になれば、欲しい知識をすべて身につけられる、と彼は考えた」からだった。リゴンはこの希望を奴隷の主人に伝えたが、奴隷を改宗させることはできない、と断られる。「イギリスの憲法で、キリスト教徒を奴隷にすることは禁じられている」から、改宗を許してしまったら、奴隷を全員解放しなければならなくなる、というのがその理由だった。もちろん、奴隷の解放はあり得ない。それは潤沢な利益をもたらす砂糖事業の中止を意味したからだ。一〇年間で、バルバドス島は砂糖貿易の中心地になり、この地の入植者たちは新世界の大富豪に仲間入りすることになったのである。

バルバドスの入植者たちがブラジルから手に入れたのは、さとうきびと砂糖作りの設備だけではなかった。彼らは砂糖作りでできる副産物を発酵させ、これを蒸留して強力なアルコール飲料を作る方法も学んだ。ポルトガル人はこれをケイン・ブランデー（さときびのブランデー）と呼び、さとうきびの絞り汁か、汁を煮る際に出る泡を原料にしたが、バルバドスではこの過程に改良を加え、それまではなんの価値もない余り物とされていた糖蜜を使ったケイン・ブランデーの製造法を開発する。この方法ならば、以前よりもはるかに少ないコストで、砂糖の生産量を落とすことなく、ケイン・ブランデーを作ることができた。バルバドスの入植者たちは文字どおり、砂糖を食べ、そして飲んだのである。

リゴンによると、この飲み物は「キル・デビル（悪魔殺し）」と呼ばれ、「非常に強いが、味はとてもいいとは言えない。（中略）しかし、人々はこれを大量に、実際には飲みすぎるほど飲む。酔っぱらって地面で寝ている者も大勢」いたという。ワインとビールをヨーロッパから輸入するのは費用がかさむうえ、輸送中に多くが腐ってしまう心配もあったが、キル・デビルは島で大量に作ることができた。リゴンは次のように書いている。キル・デビルは島内で「砂糖の生産事業者以外の入植者に売られている。安い値段で求められるので、彼らはこれを大量に飲む」。また、寄港する船にも売られ「外国各地に運ばれ、その途中で飲まれている」。キル・デビルが現在のラム酒と呼ばれるようになったのは、リゴンがバルバドスを離れてからのことだ。一六五一年にこの島を訪れたひとりの旅行者は、島民のお気に入りで、彼らを「泥酔させる主役」は「ラムバリオン(Rumbullion)、別名キル・デビルで、これはさとうきびを蒸留してできる、非常に強い、最低最悪の酒である」と書いている。「ラムバリオン」とはもともと「騒々しいけんか、暴力騒ぎ」を意味するイギリス南部の俗語で、この名をつけられた理由はきっと、島の人々がこの酒を飲みすぎると、決まってそんな騒動が起きたからだろう。

ラムバリオンはまもなく「ラム」と呼ばれるようになり、まずはカリブ諸島全域に、続いて世界各地に広まる。新しく連れてこられた奴隷には、新たな環境になじませるための手段の一つとして、ラム酒を与えた。身体の弱い者を排除し、反抗的な者を従属させるためである。奴隷の主人たちは過酷な労働に耐え、苦しみを忘れさせるために、ラム酒を奴隷に定期的に支給した。ラム酒はまた、動機づけの材料としても使われた。ねずみを捕まえるなど、とりわけ嫌がられる仕事をした者には、報償としてラム酒が追加支給された。プランテーションに残る記録によると、奴隷は一般に、年間二〜三ガロン(約八〜一二リットル)のラムの配給を受け——一三ガロン(約五二リットル)も支給されたこともあった——、これを飲むか、あるいは食べ物と交換した。こうして、ラムは社会統制の重要な道具となったのである。リゴンによれば、ラム酒は薬としても使われ、身体の具合の悪い奴隷には、医師が「応急処置として、この蒸留酒をほんの少量与えた」という。

ラム酒は船乗りたちのあいだでも人気を博し、一六五五年、カリブ諸島の英国海軍の船では、ビールに代わってラム酒の支給を始めている。誕生から一〇〇年も経たないうちに、ラムは長い航海中の海軍のお気に入りの飲み物になったのである。だが、傷みやすく、アルコールの弱いビールをガロン単位で支給することをやめ、強いラム酒を半パイントずつ配るようになったことで、当然ながら船内の規律と業務の能率に問題が生じた。エドワード・バーノン提督が、ラム酒を二パイントの水と混ぜて支給するようにという命令を出したのも、そんな理由からだった。ラムを水で薄めても、全体のアルコール量は変わらず、おかげで水兵たちは船に搭載されたまずい水をそれまでよりは飲めるようになった。バーノンはさらに、もっと飲みやすくするために、ラム酒と水を混ぜたものに砂糖とライムの果汁を加えさせた。この原始的なカクテルは、バーノンに敬意を表して、彼の名前で呼ばれるようになる。バーノンは、グログラムという絹と毛の混紡の粗布をゴムで補強した防水性の外套《がいとう》を身につけていたため、「オールド・グログラム」というあだ名で呼ばれていた。こうして、バーノンの発明したこの新しい飲み物はグロッグとして知られるようになったのである。

問題はほかにもあった。ラム酒の強さにはかなりばらつきがあり、水で薄めたラムを支給された際、水兵たちはごまかされたように感じたのである。一九世紀に正確な液体比重計が発明されるまで、アルコール飲料の濃度を手軽に計る方法はなかった。そこで、ラム酒の支給を担当したイギリス海軍の事務長たちは、イギリス軍の兵器工場で開発されたと言われる非科学的な方法で、水と混ぜる前にラム酒の強さを計った。ラムに少量の水と黒い火薬を数粒加え、その混合液に拡大鏡で集めた太陽光線を当てる。火薬が引火しなかったら、その混合液は弱すぎるので、ラムを加える。火薬が引火するかしないかのすれすれの状態がちょうどいい強さ、と考えられていた——現在のアルコール度数にすると四八度である（混合液が強すぎると、爆発する危険もあった。もしも事務長が怪我をして働けない場合は、水兵がお手盛りでやっていい、というのが伝統だった）。

ビールからグロッグの支給への変更は、一八世紀、イギリスの海上支配権の確立に目に見えないところで貢献した。当時の水兵の主な死因の一つは壊血病という、ビタミンC不足で起きる消耗性疾患だった。最も効果的な予防法は、一八世紀中に何度も発見されては忘れられてきたのだが、レモンかライムの果汁を定期的に摂取することだった。そこで、グロッグにレモンかライムの果汁を加えることが一七九五年に規則で定められ、おかげで壊血病の発症数が劇的に減少したのである。ビールにはビタミンCが含まれていないため、ビールからグロッグに切り替えたことで、イギリスの水兵は一般に、他国の水兵と比べてはるかに健康になったというわけだ。その逆の例がフランス海軍だった。フランス海軍で一般的に支給された飲み物はビールではなく、ワイン四分の三リットル（現代のワイン・ボトル一本分）だった。長い航海の際には、これの代わりに、ブランデー一六分の三リットルが支給された。ワインには少量のビタミンCが含まれるが、ブランデーにはないため、フランス海軍の壊血病に対する耐性が低下するという、イギリス海軍とは逆の結果が生じたのである。ある海軍医によれば、イギリス海軍の壊血病に対するユニークな予防法は、彼らの業務遂行能力を二倍にし、それが一八〇五年のトラファルガーの海戦でのフランス・スペイン連合艦隊の撃破に大いに寄与したという（ちなみに、イギリスの水兵を馬鹿にする呼称「ライミー」も、この飲み物に由来する）。

ただしこれらはすべて、ラム酒の発明時から見れば、はるか未来に起きる出来事である。ラム酒の重要性はまず、通貨として使われたことにあった。通貨代わりになることで、蒸留酒と奴隷と砂糖という〝三角形《トライアングル》〟が完成したからだ。ラム酒と交換で奴隷を買い、奴隷を使って砂糖を作り、砂糖生産の廃棄物でラムを作り、それでまた奴隷を買う——これが延々と繰り返されたのである。フランスの交易商ジャン・バルボットは、一六七九年にアフリカ西岸を訪れた際に次のように書いている。「大きな変化に気がついた。わたしはフランスのブランデーをいつも大量に海外に持っていったのだが、最近はほとんど需要がなかった。アフリカ西岸ではラム酒が大量に売買されていたのである」。イギリスのある交易商の報告によると、ラム酒は一七二一年にはアフリカの奴隷海岸で「主要な交易品」となっており、金とさえ交換されたという。また、カヌーの漕ぎ手と見張りへの支払いも、ブランデーからラム酒に代わった。ブランデーは大西洋を股にかけた砂糖と奴隷の交易の開始には貢献したが、この交易を活気づけ、より収益の高いものにしたのはラム酒だったのである。

一般に地元で生産および消費されるビールとも、特定の地域で生産および交易されることの多いワインとも違い、ラム酒は世界中の物質と人間と技術が集結した結果であり、いくつかの歴史的影響力が合わさって生まれたものだった。ポリネシアで生まれた砂糖がアラビア人によってヨーロッパに紹介され、コロンブスがそれを南北中アメリカ大陸にもたらし、アフリカ人奴隷がこれを栽培した。砂糖生産の廃棄物を蒸留して作るラム酒は、新世界のヨーロッパ入植者とその奴隷たちによって消費された。ラム酒は探検の時代におけるヨーロッパ人の野心と冒険心の産物だが、その一方で、彼らが長らく直視を避けていた奴隷貿易という残酷な行為なしには、おそらく存在しなかっただろう。ラム酒は、人類史上初めて世界化が起きた時代の大勝利と迫害を体現する飲み物なのである。

第6章 アメリカを建国した飲み物

ニューイングランドは、その富の主な源であるラム酒をフランス領の島々の安価な糖蜜で作った。彼らはラム酒で奴隷を買い、メリーランドとカロライナで働かせ、イギリスの商人たちへの負債を支払ったのである。

――ウッドロー・ウィルソン（合衆国大統領、一八五六～一九二四年）

入植者のお気に入りの飲み物

一六世紀後半、イギリスは北アメリカにおける植民地作りを開始する。だが、この計画は誤信にもとづいていた。北アメリカ大陸でイギリスが領有権を主張した地域――北緯三四度と三八度のあいだに位置する土地で、エリザベス女王一世、別名バージン・クイーンに敬意を表して、バージニアと名づけられた――の気候は、同じ緯度の地中海沿岸のそれと似ているに違いない、とイギリス人は一般に信じていた。彼らはアメリカに植民地を作れば、自分たちもオリーブや果物といった地中海の産物を生産できるようになり、ヨーロッパ大陸からの輸入を減らすことができるのではないか、と期待をかけていたのだ。ある事業目論見書には、アメリカの植民地は「フランスとスペインのワイン、果物、塩（中略）そしてペルシアとイタリアの絹」を供給することになるだろう、と書かれている。また、豊かな森林があるため、スカンジナビアから木材を輸入する必要もなくなる、とも考えられていた。入植者とロンドンの後援者たちはさらに、貴重な金属、鉱物、宝石類も見つかるのではないかと期待した。要するに彼らは、アメリカは豊かな土地であり、すぐに利益を生んでくれるはずだ、と信じていたのである。

だが、現実はまるで違った。北アメリカの気候は予想以上に厳しく、地中海の作物も、砂糖やバナナといったほかの輸入品も生産できないことが判明する。貴金属も鉱物資源も宝石類も見つからず、絹作りの試みも失敗した。一六〇七年に初めて植民地を築いてからの数十年間、入植者たちは苦労して生計を立てながら、思いもよらない数々の困難に直面させられ続けた。病、食糧不足、内紛、さらには、それまで土地を占有していたアメリカ先住民とのたえまない争いに対処しなければならなかった。

そのような苦境のなか、入植者たちにとって、アルコール飲料の確保は大変重要な問題だった。一六〇七年にバージニアに最初の入植者を連れてきた三隻の船のうち、二隻がイギリスに戻る際、ジェームスタウンの住人トーマス・スタドリーは「ここには酒場もビアハウスもなければ、憩いの場もない」と不満を訴えた。その冬に到着した補給船はビールをいくらか持ってきたが、大半は船員たちが飲んでしまっていた。その後も補給船は来たのだが、積み荷は入植者の思いを満たすものとはほど遠く、また、航海中にだめになってしまう品も多かった。一六一三年、あるスペイン人はこの状況について、次のように報告している。三〇〇人の入植者には水しか飲むものがなく、「イギリス人らしからぬ生活を送っている。彼らは全員帰国を夢見ている。勝手にできるなら、すぐにそうしたに違いない」。一六二〇年まで、状況はほとんどなにも改善されなかった。人口は三〇〇〇人に増えたが、ある報告によると「彼らが最も欲しがっているのはまともな飲み物」だったという。つまり、水以外のなにかである。

同じ年、ビール不足が原因で、第二のイギリス植民地の場所が決められる。この植民地を築いたのは、ピリグリム（巡礼者）と呼ばれる分離派の清教徒たちだった。一六二〇年、メイフラワー号はハドソン川を目指したが、そのはるか北のコッド岬に上陸する。悪天候のせいで、それ以上の南下が困難だったため、船長はそこで乗客を下ろしてしまうことにしたのである。ピリグリムのリーダーで、この植民地の総督となるウィリアム・ブラッドフォードは、日記にこう書いている。「もはや、これ以上の探索や検討に時間を割くことはできない。食料はほぼ底をついている。特にビールが残り少ない」。この船の船員たちは、帰航に必要なビールの確保を心配していた。航海中にビールを飲めば、壊血病を予防できると信じていたからである。バージニアの入植者と同じく、ピリグリムの場合も、飲み物は水だけだった。「世界にはこれ以上の水はないと思われている。だが、旨いビールを前にしたら、わたしはあえてこれを選ばない。ほかにもそうした者がいたように」と植民者のウィリアム・ウッドが書いている。「しかし、まずいビールを前にしたら、だれもが水を選ぶだろう」。マサチューセッツに第三のイギリス植民地を築いた際には、入植者たちは大量のビールを持っていった。一六二八年、清教徒の入植者のリーダー、ジョン・ウィンスロップを乗せたアーベラ号の積み荷には約一万ガロン、つまり「四二トンのビール」も含まれていた。

過酷な気候のせいで、ビール作りに使えるヨーロッパの穀物の栽培はきわめて難しかった。そこで入植者たちは、イギリスから輸入したビールに頼るのではなく、とうもろこし、トウヒの芽、小枝、カエデの樹液、カボチャ、リンゴの皮を原料にした独自のビール作りを試みた。当時の醸造者たちの臨機応変さをうかがわせる歌が残っている。「おれたちはカボチャでも、（根菜類の）パースニップでも、クルミの木の皮でも、おいしい酒が作れるんだ」。また、南部のスペインとポルトガルの入植者も苦労していたように、ワイン作りも困難だった。入植者たちはヨーロッパのブドウを育てようとしたが、気候と病気のせいと、大半が北ヨーロッパの出身で、ワイン作りの経験が少なかったために、この試みは失敗した。代わりに、在来種のブドウでワインを作ろうとしたが、ろくなものができなかった。結局、バージニアの入植者たちは交易用にタバコを栽培し、ワインとブランデーとともに、大麦麦芽（ビールを作るために）をヨーロッパから輸入することにしたのである。

しかし、一七世紀後半のラム酒の登場により、すべてが一変する。ラム酒はそれまで廃棄物にすぎなかった糖蜜から作ることができたうえ、大西洋の向こうから輸送してくる必要もなかったため、ブランデーよりもはるかに安価だった。しかも、ラムはブランデーよりも強い酒だった。こうして、ラム酒はすぐに北アメリカの入植者のお気に入りの飲み物となる。ラム酒は人々の辛い気持ちを和らげ、身体をなかから暖めて、厳しい冬の寒さをしのぐのに役立った。また、ヨーロッパからの輸入品への依存度もうまい具合に軽減してくれた。貧しい者たちはラム酒をそのまま、裕福な者たちはパンチ——蒸留酒に砂糖、水、レモン果汁、香辛料を加えたものを、手の込んだ細工が施されたボウルに入れて出した——にして飲んだ(水兵に好まれたグロッグと同じく、これも現代のカクテルの先駆けである)。

契約書の作成、農場の販売、証書への署名、物の売買、訴訟の和解など、さまざまな場でラム酒は飲まれた。契約を直前で破棄した者はだれであろうとも、その埋め合わせにビール半樽か、ラム酒一ガロン(約四リットル)を提供しなければならない、という習慣もあった。しかし、この安価で強い酒の登場を快く思わない者もいた。「近年、ラムと呼ばれる飲み物が一般に普及してきたのは不幸なことである」と、ボストンの聖職者インクリース・マザーは一六八六年に嘆いている。「貧しく不道徳な者たちも、わずか一、二ペンスで酔ってしまうのだから」

一七世紀後半から、ラム酒はニューイングランドの産業発展の基盤を形成する。ニューイングランドの商人たち——主にセーラム、ニューポート、メドフォード、ボストンの人々——は原料の糖蜜を輸入し、自ら蒸留を始めたからだ。彼らの作ったラム酒は、西インド諸島のものほど良くはなかったが、値段はさらに安く、ラム酒を飲む大半の人間にとっては、これが大変にありがたかった。こうしてラム酒は、ニューイングランドの産業において最も収益の高い生産品となったのである。当時の様子を伝える、こんな言葉が残されている。「輸入した糖蜜からボストンで作られている蒸留酒の量は、一ガロンあたり二シリング以下というその値段と同じく、驚きである。彼らのラム酒は、品質よりも、その量と値段で有名だ」。労働者の一日分の賃金があれば、一週間酔い続けるのに十分な量が買えるくらい、ラム酒は安かったのである。

アメリカ独立を促した香り

ニューイングランドの酒造業者たちは、地元の人々にラム酒を売るだけではなかった。彼らは奴隷商人という格好の販売相手も見つけたのである。その頃ラム酒はすでに、アフリカ西岸において、奴隷買い入れのための望ましい通貨としての地位を確立していた。ニューポートの酒造業者は、奴隷売買用に特別強いラム酒まで作っている。同じ量でも、含まれているアルコール分が多いということで、強いラム酒のほうが、金銭的価値が高いとされた。しかし、ラム酒による交易の盛況について、イギリス領の島々で砂糖生産を行う入植民や、ロンドンの後援者たちはいい顔をしなかった。ニューイングランドの酒造業者たちは、フランス領の島々から糖蜜を輸入していたからである。フランスは自国のブランデー産業を保護するため、植民地でのラムの生産を禁じていた。そのため、フランスの砂糖生産者はたとえ値段が低くても、ニューイングランドの酒造業者に喜んで糖蜜を売った。イギリスの砂糖生産者は折しも、ヨーロッパの砂糖市場でフランスの生産者にマーケットを奪われつつあった。そのため、ニューイングランドの酒造業者がフランスの糖蜜を買ったことは、イギリスの砂糖業界にしてみれば、傷に塩をもみこまれるようなものだった。そこで彼らは政府の介入を求め、一七三三年に糖蜜法という新たな法がロンドンで制定されたのである。

この法律は、海外（要するにフランス）の植民地またはプランテーションから輸入した糖蜜一ガロンに対して六ペンスの禁止的な関税を徴収する、というものだった。輸出するラム酒は課税対象ではなく、法律の目的は、ニューイングランドの酒造業者たちにイギリス領の砂糖業者から糖蜜を買わせることにあった。しかし、イギリス領の島々で生産される糖蜜はニューイングランドのラム産業に供給する量にはほど遠かったうえ、ニューイングランドの酒造業者はフランスの糖蜜のほうが上質だと考えていた。もしもこの法律が厳格に施行されていたら、酒造業者はラム酒の生産量を減らし、価格を上げねばならなかっただろう。そうなれば、ニューイングランド経済は主力商品を失い、その繁栄に突如終止符を打たれたことだろう。ラム酒は当時、彼らの輸出品の八〇パーセントを占めていたからだ。また、北アメリカの入植者たちからお気に入りの飲み物を奪い取ることにもなったに違いない。この頃にはすでに、大人の男、女、子供を含む植民地の人間ひとりあたり、年間で約四ガロン（約一五リットル）ものラム酒を飲んでいたからである。

そのため、酒造業者たちはこの法律をほぼ完全に無視し、フランス領の島々から糖蜜を密輸し続け、必要なときには関税の徴収に訪れる役人を買収した。一方、大半の役人も密輸に対して見て見ぬふりをしていた。税関吏はイギリスで任命され、ほとんどの者は本国に留まり、自分の給料からいくらか支払い、代わりの者を海外に派遣した。命じられて外国の植民地に赴いた下級の役人たちは、ロンドンの上役よりも、入植者たちのほうに強く共感したのである。法律の成立後数年間で生産されたラム酒の大部分――六分の五以上という説もある――は、相変わらずフランスから密輸された糖蜜を原料にしていた。同時に、ボストンのラム酒造業者の数も、一七三八年の八軒から一七五〇年には六三軒に増えていた。ラム酒は植民地の生活全般にわたってその地位を維持しながら、流通を続けたのである。ラム酒は選挙運動においても重要な役割を担った。一七五八年、ジョージ・ワシントンがバージニアの植民地議会の議員選挙に立候補した際、彼の選挙チームは二八ガロン（約一一二リットル）のラム酒、五〇ガロン（約二〇〇リットル）のラム・パンチ、三四ガロン（約一三六リットル）のワイン、四六ガロン（約一八四リットル）のビール、二ガロン（約八リットル）の林檎酒《サイダー》をばらまいた――選挙民わずか三九一人の郡での話である。

糖蜜法は遵守されず、その制定は入植者たちを憤慨させた。実際、この法律を議会で成立させたのは、イギリス政府にとって大きな失敗だった。結果的に密輸が社会的に容認される格好となり、イギリスの法全般の権威が落ち、政府にとって致命的な先例ができてしまったからだ。もし今後もまた、植民地の輸出入品に非合理な関税を強いる法律が出されたとしても、そんなものは気にしなければいい、と入植者たちは考えた。そして、このように多くの人々が糖蜜法を公然と無視したことが、アメリカ独立へ向けての一歩になったのである。

次なる一歩が踏み出されるのは、一七六四年、イギリス軍とアメリカの入植者がフランス軍を倒すために戦ったフレンチ・インディアン戦争（この戦争はフランスとイギリスがヨーロッパ、北米、インドで大規模に戦った戦争――これがおそらくは最初の世界大戦と言えるだろう――のアメリカ編だった）が終わり、砂糖法が制定されたときのことだった。イギリスは勝利し、北アメリカ大陸の支配を確立するが、莫大な公債も残った。そこでイギリス政府は、この戦争は基本的にアメリカの入植者のために行ったという論理から、入植者も負債の支払いに協力すべきだという結論を下す。しかも、入植者の多くは戦争中も敵国フランスとの取引を続けていたため、イギリス政府は糖蜜法を強化した、砂糖法を制定・施行することにする。糖蜜一ガロンあたり六ペンスという関税率こそ半分の三ペンスに下げたが、政府は方策を講じ、税金の完全徴収に乗り出す。それまで関税吏はイギリス国内に留まって代理の人間に徴収を任せていたが、これを禁止し、植民地の提督たちには法の遵守と密輸者の逮捕を要求し、イギリス海軍にはアメリカの領海で関税を徴収する権限を与えた。

当然、砂糖法——目的がたんに通商を規制するだけでなく、歳入の増加にもあることは明らかだった——は、アメリカの植民地で激しい不評を買う。ニューイングランドのラム酒造業者は団結してイギリス領からの輸入のボイコット運動を組織し、この新しい法律に反対した。また、直接影響を受けない人々までも反対した。入植者の多くは、イギリス議会に代議士を送ることが許されないのに、税金だけ払わされるのは不公平だと考えたのである。彼らは「代表なくして課税なし」をスローガンとして掲げる。そして、入植者を擁護する人々、いわゆる「自由の息子たち（Sons of Liberty）」の活動によって、イギリスからの独立に向かって世論が動き始める。こうした活動は蒸留所や酒場で行われることが多かった。革命派のリーダーのひとりジョン・アダムスの日記には、一七六六年の「自由の息子たち」の会合の様子が書かれている。彼らは「チェイスとスピークマンの蒸留所」の帳場に集合し、ラム・パンチを飲み、パイプを吸い、チーズとビスケットを食べたという。

一方、イギリス政府は砂糖法に続き、一七六五年の印紙法、一七六七年のタウンゼント法、一七七三年の茶法と、いずれも評判の悪い新しい法律を次々に制定する。その結果、一七七三年には新しい税法に反対する人々が、停泊中の三隻の船に積んであった大量の茶をボストン湾に投げ捨てるという騒動が起きた。有名なボストン茶会事件である。この事件に象徴されるように、茶は革命の始まりに大きく関わっていたが、ラム酒もまた一七七五年にアメリカ独立戦争がついに勃発するまでの数十年間、茶と同じくらい重要な役割をはたしたのである。たとえば、戦争開始前夜、ポール・リビアがイギリス軍の接近についてジョン・ハンコックとサミュエル・アダムスに警告するために、ボストンからレキシントンまで馬を走らせたことはよく知られている。その際、リビアはメドフォードの市民軍のリーダー、アイザック・ホールが経営する酒場に立ち寄り、ラム・トディ（ラムに砂糖と水を加えたものに、焼けた火かき棒を入れて温めたもの）を飲んでいる。

戦争が始まると、ラム酒は六年にわたる戦いのあいだ、アメリカの兵士たちのお気に入りの飲み物になった。ヘンリー・ノックス将軍は一七八〇年、北部の州からの支援物資を求める手紙をジョージ・ワシントンに送り、ラムの重要性をとりわけ強調している。「牛肉と豚肉、パンと小麦粉と並び、ラム酒はきわめて重要であり、欠かすことはできない。なんとしてでも、十分な量のラム酒を供給してほしい」。ラム酒と糖蜜に対する関税はアメリカ植民地のイギリスからの分離のきっかけになるとともに、ラム酒に強烈な革命の香りを加えた。一七八一年のイギリスの降伏とアメリカ合衆国の誕生からずいぶん経ったのち、すでに建国の父のひとりとなっていたジョン・アダムスは友人に宛ててこのような手紙を書いている。「糖蜜がアメリカの独立に不可欠な要素だったと認めるのを恥じる必要はない。たくさんの大きな出来事が、もっと小さな原因から起きているのだから」

ウィスキー反乱

ラム酒は植民地時代およびアメリカ独立戦争の時期を代表する飲み物だった。だが、アメリカ市民の多くはこれにまもなく背を向け、違う蒸留酒を好むようになる。入植者が東海岸から西に向けて移動すると同時に、発酵させた穀物を蒸留して作るウィスキーの人気が高まったのである。入植者の多くがスコットランド・アイルランド系で、穀物の蒸留経験があったことが理由のひとつだった。また、独立戦争中にラム酒の原料である糖蜜の供給が妨げられていたことも大きかった。大麦、小麦、ライ麦、とうもろこしといった穀類は海岸近くでは生育しづらいが――初期の入植者が最初、ビール作りに苦労したのはそのためである――内陸部でなら簡単に栽培できる。対照的に、船で輸入した糖蜜を原料に、沿岸の町で作られるラム酒は、海と密接に結びついた産物であり、内陸部まで運ぶには莫大な費用がかかった。一方、ウィスキーはほぼどこでも作ることができるうえ、課税や妨害の対象になり得る輸入原料に頼る必要もなかったのである。

一七九一年には、ペンシルバニア州西部だけで、ポットスチルという単式蒸留器が五〇〇〇以上もあった。人口六人に一つの割合である。ウィスキーは、それまでラムが行っていた通貨代わりという務めを引き継いだ。ウィスキーは携帯に便利な財産だったからだ。荷馬は一度に穀物を四ブッシェル（約一四五リットル）しか運べないが、蒸留してウィスキーにすれば、二四ブッシェル（約八七〇リットル）を運ぶことができた。ウィスキーは、塩、砂糖、鉄、火薬、弾丸といったほかの生活必需品との交易に使われた。農場労働者にも与えられたし、誕生を祝う席や葬儀の場でも出された。法的文書に署名する際には必ずこれを飲み、裁判所の陪審員にも、選挙運動の一環として選挙民にもふるまわれた。聖職者への支払いまでウィスキーだった。

そのため、財務長官アレクサンダー・ハミルトンが、独立戦争時に負った莫大な公債を清算する資金調達の手段として、蒸留酒の生産に連邦税を課すことに決めたのは当然の選択だった。資金調達に役立ち、人々の飲みすぎを防ぐこともできるかもしれない、というのがハミルトンの狙いだった。「この国の農業、経済、道徳心、そして健全性の維持にとって好ましい」と考えたのである。一七九一年三月にこの法が通過し、七月一日から酒造業者は年に一回税金を払うか、製造した酒の強さによって変わるが、一ガロンあたり最低七セントの酒税を納めることとされた。すぐさま、とりわけ西部の開拓民から反対の声が上がる。彼ら内陸の入植者にとって、この法は特別不公平に感じられた。人に売る段階で課税するのではなく、蒸留器から出す段階で課税されたからである。これはつまり、個人で飲むための、あるいは物々交換用のウィスキーについても税金を払わねばならないことを意味した。おまけに、入植者の多くは、歳入徴収官と政府の介入を嫌がってアメリカにやってきた人々だった。せっかくイギリス政府の支配から脱したのに、これではなにも変わらないとして、彼らは新しくできた連邦政府を批判したのである。

ウィスキー税法に対する反発には、州と連邦政府との力の格差も反映されていた。一般に、東部の入植者のほうが南部および西部の者たちよりも、連邦法が州法に優先するという考えに賛同する傾向にあった。この新しい法——違反者は地元の州の法廷ではなく、フィラデルフィアの連邦裁判所で裁かれるという規定が特に問題だった——は、東部の連邦主義者に有利なように思えたのである。南部のジョージア州のジェームズ・ジャクソンは下院で、この税法は「大衆の唯一の贅沢と楽しみ、つまり蒸留酒を奪う」ことになるだろうと発言し、今これに反対しないと、この先、なにが課税対象になってもおかしくない、「いつか、税金を払わなければシャツも洗えなくなる日が来るだろう」と警告した。

法は施行されたが、多くの農夫たちは税金を支払おうとしなかった。彼らは歳入徴収官を襲い、書類を盗んで破棄し、徴収官の馬の鞍を奪い、ずたずたに切り裂いた。最も激しく反発したのは、強硬な分離主義者の多いペンシルバニア州西部のファイエット、アレガニー、ウェストモアランド、ワシントンといった未開拓の郡の人々だった。反税派の農民たちは団結して組織的な抵抗を始める。税を納めた酒造業者は、裏切り者として蒸留器に銃で穴を開けられ、木々には反乱を支持する告知板が掲げられた。連邦議会は一七九二年と九四年にこの法を修正し、地方の酒造業者に対する税率を下げ、州立裁判所に違反者を審理する権限を与えた。だが、それでも反乱を鎮静化することはできなかった。連邦政府の権威が危機に瀕していると判断したハミルトンは、ウィスキー税の納付を拒んだ農夫数名に令状を渡すために、連邦保安官をペンシルバニア州西部に派遣した。

事件は一七九四年七月、その農夫のひとりウィリアム・ミラーに令状が出された際に起きた。けが人はなかったが、ミラーの仲間が連邦裁判所の執行官一行に向けて発砲したのである。それから二日間、連邦側と農民側とのあいだで小競り合いが続き、反税を唱える武装集団「ウィスキー・ボーイズ」の数は五〇〇人に膨れあがり、双方に死者が出た。野心家の弁護士デビッド・ブラドフォードが「ウィスキー・ボーイズ」のリーダーとなり、地元の人々に協力を呼びかけた結果、六〇〇〇人近くがピッツバーグに近いブラッドックス・フィールドに終結する。ブラッドフォードはこの即席軍の大将に選ばれた。反乱軍は気勢をあげ、軍事演習と射撃訓練に精を出し、合衆国から離脱して新たな独立国家を築くことを決める。

断固たる行動が必要だ、とハミルトンから説得されたジョージ・ワシントンは、ペンシルバニア州東部、ニュージャージー州、バージニア州、メリーランド州から一万三〇〇〇人の国民軍を召集する。国民軍は大砲、軍用行李、そして支給された納税済みのウィスキーを携え、分離論者たちに連邦政府の力を実証するために、山々を越えてピッツバーグへと向かった。しかし、誕生したばかりの反乱軍は、その頃にはすでに崩壊し始めていた。国民軍の到着前に、ブラッドフォードは逃げ出し、反乱軍は消滅したのである。そして皮肉なことに、「ウィスキー・ボーイズ」の抱える問題の大部分は、自分たちを鎮圧するために集められた国民軍の到着によって解決する。国民軍の兵士たちは、進軍を終えるとウィスキーを求め、

1794年に起こったウィスキー反乱。反乱軍がウィスキー税の収税官を捕えているところ。

ジョージ・ワシントンは、ウィスキーの酒造家でもあった。

現金を払ってこれを手に入れた。これが結果的に、ペンシルバニア州西部の酒造業者たちがウィスキー税を払うための資金になったのである。

　反乱軍のうち二〇人がフィラデルフィアに連行され、見せしめのために町中を行進させられたが、数ヵ月間投獄された以外は、なんの罰も受けなかった。うち二名は死刑を言い渡されたが、大統領の恩赦で釈放された。結局、ウィスキー税法はうまく機能せず、数年後に廃止される。反乱を鎮圧するために国民兵を派遣したことで、一五〇〇万ドルという、税法の施行から一〇年間で徴収した税金の三分の一近くにあたる莫大な費用がかかった。このように、ウィスキー税法も反乱の試みも失敗に終わったが、ウィスキー反乱という、アメリカ独立後に初めて起きた大規模な抗議行動を鎮圧したことで、政府は連邦法は絶対であり、各州の住民は遵守すべきことを力ずくで示しえた。そのため、この出来事は合衆国初期の歴史における決定的瞬間の一つと考えられている。

反乱の失敗は、別の酒の誕生にもつながった。スコットランド・アイルランド系の反乱民たちはさらに西のケンタッキー州に移動し、ライ麦だけではなく、とうもろこしからもウィスキーを作り始める。最初に行ったのがバーボン郡の住民だったことから、この新種のウィスキーはバーボンと呼ばれるようになる。在来種の穀物であるとうもろこしを使うことで、独特の香りのするウィスキーが生まれたのである。

ジョージ・ワシントンは晩年、自らウィスキー蒸留所を作っている。これはワシントンの農場を管理していたスコットという人物の発案によるもので、マウント・バーノンの農場で採れる穀物でウィスキーを作ったら儲かるに違いない、と進言したのだという。一七九七年に二台の蒸留器で操業を始め、最盛期、一七九九年一二月のワシントンの死の直前には五台が稼働していた。その年、ワシントンは一万一〇〇〇ガロン（約四万二〇〇〇リットル）のライウィスキーを製造し、地元の人々に売り、七五〇〇ドルを儲けている。ワシントンはまた、ライウィスキーを樽ごと、家族と友人に分け与えてもいる。「連絡をくれれば、ウィスキー二〇〇ガロン（約七六〇リットル）を、その日のうちに用意できる」と一七九九年一〇月二九日、ワシントンは甥《おい》に手紙を書いている。「ただし、連絡は早いほうがいい。（この地域の）需要は非常に盛んだから」

ワシントンがウィスキーの酒造家としても活動した一方、同じアメリカ建国の父トーマス・ジェファーソンは、ウィスキーに対して正反対の態度を取った。ジェファーソンは「ウィスキーは毒である」と公然と非難し、「ワインが安く手に入る国に、酔っぱらいはいない。ワインが高く、代わりに強い酒を日常的に飲む国にしらふはいない」という発言を残している。ジェファーソンはアメリカでのブドウ栽培を奨励し、「ウィスキーという猛毒に対する唯一の防御手段」として、輸入ワインの関税率引き下げを提唱した。だが、彼に勝ち目はなかった。ワインはウィスキーよりもはるかに高価で、アルコール含有量が少なかった。そのうえ、自立と自給自足を連想させる気取りのない飲み物という、アメリカ人がウィスキーに抱くイメージがワインには欠けていたからである。

先住民を支配した強い酒

植民地時代を通じて、蒸留酒は苦しみを忘れるための道具だった。自らに苦しみを課したヨーロッパの入植者たちにとっても、彼らによってさらに過酷な苦しみを経験させられたアフリカ人奴隷や先住民にとっても、それは同じだった。そこで、ヨーロッパからアメリカにやってきた入植者たちは、蒸留酒で奴隷を購入し、服従させ、管理しただけではなく、蒸留酒に対するアメリカ先住民の狂信的な態度を、彼らに対する支配手段として意図的に利用した。

この狂信的態度がどこから来たかについては諸説あるが、幻覚作用のある在来種の植物と同じく、蒸留酒は超自然的な力を備えており、これを飲む者は完全に酩酊して初めてその力に近づくことができる、というアメリカ先住民の思い込みがもとになっているようだ。一七世紀後半のニューヨークのある観察者は、アメリカ先住民の部族民は「強い酒を大変好むが、酔えるだけの量がない限り、飲もうとしない」と述べている。全員が酔えるだけの量がない場合は、少人数で分け合い、残りの者たちはこれを見ていたという。ヨーロッパ人がラム酒よりもワインを好むことについて、アメリカ先住民のなかには困惑する者もいたというが、これも彼らが酩酊を重視したことで説明がつく。「ラム酒のほうがずっと安くて、しかもすぐに酔えるのに、多くのイギリス人はとても高いお金を払ってワインを買う。先住民はそれを不思議がっている」と、ある入植者が一六九七年に書いている。

その源がどこにあるにせよ、ヨーロッパ人はこの習慣を大いに利用した。彼らはアメリカ先住民と物品あるいは土地の交易をする際に、大量のアルコールを用意したのである。イギリスの支配地ではラム酒が、フランスの支配地ではブランデーが使われた。カナダのフランス人毛皮商が交易にブランデーを利用していることについて、あるフランス人聖職者はこう批判している。「無秩序、野蛮行為、暴力（中略）そして侮辱が、嘆かわしい、恥ずべきブランデーの不正取引によって、この地の先住民たちのあいだに広まってしまっている。（中略）この絶望的状態のなか、我々にはもはや、酩酊と放蕩の支配者であるブランデー商人たちの手に先住民の身を委ねる以外に手はない」。カナダ植民地のフランス軍はこの交易を取り締まる代わりに、先住民との交易用および自分たちの消費用のブランデーを確保するために、安定した供給を維持することを主要な責務と考えた。

メキシコでは、スペイン人から教えられた蒸留の知識をもとに、メスカル酒が誕生する。メスカル酒は、アステカ族の人々がリュウゼツランの発酵汁から作ったプルケ（リュウゼツラン酒）という弱いアルコール飲料を蒸留したものである（プルケはアステカの庶民の日常の飲み物で、兵士、聖職者、身分の高い者たちは、選民の飲み物であるチョコレート、つまりココアを口にしていた）。スペインの入植者は、アステカ族をはじめとする先住民たちに、プルケではなくメスカル酒を飲むことを、いや実際には、プルケよりもはるかに強いこの酒に溺れることを奨励した。一七八六年にメキシコの総督は、メキシコ先住民はアルコールを好み、アルコールは彼らを支配下に治めるのに有用であるから、北のアパッチ族を統制する手段としても使えるだろう、と述べている。「(蒸留酒という) 新たな必要物を作ることで、我々にしたがうしかないと、アパッチ族に知らしめることができるはずだ」

銃器および伝染病と並び、蒸留酒は旧世界の人々が新世界の支配者になる手助けをすることで、近代世界の形成に寄与した。蒸留酒は、数百万の人々の奴隷化および強制的移動、新しい国家の建国、土着文化の征服の一翼を担ったのである。今はもう、蒸留酒と聞いて、奴隷制や搾取を連想することはない。だが、植民地時代の蒸留酒の扱いで、現在まで残っているものもある。たとえば、航空機の乗客が免税品の蒸留酒の瓶を手荷物のなかに入れるのは、蒸留酒が携帯に便利で、長旅でも傷まないアルコール飲料だからだ。また、税の支払いを嫌い、免税の蒸留酒を求める人々の思いには、ラムの密輸業者やウィスキー・ボーイズが持っていた反体制の伝統が息づいている。

第4部

理性の時代のコーヒー

第7章

覚醒をもたらす、素晴らしき飲み物

コーヒー、我々を醒ます飲み物。蒸留酒と違い、明敏さと明晰さを高める脳の強力な滋養剤。コーヒーは想像力から鈍重な雲を取り除き、物事の本当の姿を真実の輝きでさっと照らし出してくれる。

——ジュール・ミシュレ(フランスの歴史家、一七九八〜一八七四年)

カップによる啓蒙

古代ギリシア人の主張には誤りが多かった。重い物は軽い物より早く落ちはしない。地球は宇宙の中心ではないし、心臓は血液を熱するかまどではなく、血液を全身に巡らせるポンプである。しかし、ギリシア哲学の古い常識の数々にヨーロッパの思想家たちがようやく本気で挑み始めたのは、天文学者と解剖学者がそれまで見えなかった世界を見えるようにした一七世紀初めになってからのことだった。イタリアのガリレオ・ガリレイやイギリスのフランシス・ベーコンといった先駆者たちは古代の文献の盲信を拒み、実際に観察、実験することに重きを置いた。「古いものの上に新しいものを継ぎ足し、ないしは加えても、科学知識の大きな進歩は望めない」。ベーコンは一六二〇年出版の自著『ノヴム・オルガヌム——新機関』（岩波書店）のなかで宣言している。「科学の再興は基礎の基礎から始めねばならない。もっとも、見下げはてるほど遅い速度で同じ所をぐるぐると永遠に廻りたいのなら、話は別だが」。ベーコンは自ら先頭に立ち、ギリシア哲学者の権威に公然と立ち向かった。ベーコンとその支持者たちは、人間の知識の体系をいったん粉々に打ち砕き、レンガを一つずつ積み上げるようにして、新しい堅固な基盤の上に知識を再構築したいと考えたのである。あらゆるものが挑む対象であり、憶測はいっさい認めなかった。宗教改革という、とりわけ北ヨーロッパのローマ・カトリック教会の権威を失墜させた宗教運動によって、道はすでに拓かれていた。イギリスとオランダで、はるか遠い海外に植民地を開拓、維持することへの挑戦が原動力の一部ともなり、新合理主義が全盛期を迎え、科学革命と呼ばれる知的活動がにわかに誕生したのである。

この合理的探求の精神は、その後二世紀にわたって西洋思想界の主流として広がり、科学者が取り入れた実証的、懐疑的アプローチが哲学、政治、宗教、商業の分野にも取り入れられ、ついには啓蒙運動と呼ばれる動きとして結実する。この理性の時代に、西洋の思想家たちは古代の叡智という枠組みを越え、新しい考えに自らを開き、知識のフロンティアを旧世界の限界の先へと押し広げた。大航海時代に地理的拡張が行われたのと対照的に、彼らは知的領域を広げた——哲学、政治、宗教の別にかかわらず、権威をやみくもに崇拝する独善的な態度が姿を消し、批評と寛大な精神と思考の自由が訪れたのである。

この新合理主義のヨーロッパへの広まりと同時に、コーヒーという、明敏な思考を促す新種の飲み物も普及した。コーヒーを好んだのは、屋外で働く肉体労働者ではなく、科学者、有識者、商人、聖職者など、机の前に座って知的労働を行う人々――今でいう「インフォメーション・ワーカー」――だったのである。コーヒーは、規則正しく一日の仕事をする、つまり朝しっかりと目覚め、夕方ないしはもっと遅くに仕事を終えるまで眠らずに起きているために有用な飲み物だった。また、コーヒーが出されるのは、静かで落ち着いた、社会的に認められた立派な場所だった。人々は礼節をわきまえた会話や議論を盛んに行うようになり、いつしかそこに教育、討議、自己改善のための公開討論の場が形成されたのである。

コーヒーは一七世紀のヨーロッパ社会に非常に大きな衝撃を与える。当時最も広く飲まれていたのは、朝食の席でさえ、弱いビールとワインだったからだ。これらはごみごみとした都市においては特に、汚染の可能性が高い水よりもはるかに安全な飲み物として好まれていた（ちなみに蒸留酒は、ビールやワインのように日々の生活に欠かせない主要な飲み物ではなく、酔うために飲むものだった）。つまり、ビールと同じく水を沸かして作るコーヒーは、アルコール飲料に代わる、安心して飲める新しい飲み物として受け入れられたのである。しかも、アルコールの代わりにコーヒーを飲むと、軽く酔ったくつろいだ状態ではなく、きりりと冴えた頭で一日を始められたため、仕事の質も能率も格段に向上した。そのため、コーヒーはアルコールと正反対のものと見なされるようになる。飲む者を酩酊させる代わりに覚醒を促し、感覚を鈍らせて現実を覆い隠す代わりに知覚を鋭敏にする飲料、と考えられたのである。一六七四年にロンドンで出版された作者不明の詩は、ワインは「二心あるブドウの甘い毒」で「我々の理性と魂」を溺れさせるとし、ビールも「我々の脳を攻め立てる、もやもやとしたエール」（訳註――「エール（Ale）」は、ビールを原料あるいは製法で区別した呼称。詳しくは巻末の「付録・古代の飲み物を探して」を参照）と非難する一方、コーヒーは以下のような描写で歓迎している。

……この厳粛かつ健全な液体は
胃を癒し、頭の回転を速くし
記憶を蘇らせ、悲しみを鎮め、精神を鼓舞する
人々を発狂させることなく

西ヨーロッパは、数世紀のあいだ立ちこめていたアルコール性のもやのなかからようやく抜け出した。「このコーヒーという飲み物のおかげで」と、一六六〇年にあるイギリス人が書いている。「諸国において、節酒の傾向がよりいっそう進んでいる。徒弟や助手らはかつて、朝にエール、ビール、ワインなど、脳にめまいを起こさせるものを飲んでいたため、多くの者は仕事に適さない状態だった。だが彼らはいまや、この目を醒ましてくれる文明的な飲み物のおかげで、まともに務められるようになっている」。コーヒーはまた、アルコールに対する解毒剤とも考えられていた。「コー

ヒーを飲めば、たちまちのうちに酔いが醒める」と、フランス人作家シルベストル・デュフォーは一六七一年に書いている。ちなみに、この考えは今でも一般に信じられているが、厳密に言うと、コーヒーが酔いを醒ますことはない。酒に酔った状態でコーヒーを飲むと、なんとなく頭が冴えた気になるが、実際には、アルコールが血液中から抜けるのが遅くなることがわかっている。

コーヒーが目新しい飲み物だったこともまた、その魅力を倍増させた。これこそ、古代ギリシア人もローマ人も知らない飲み物だった。コーヒーを口にすることは、一七世紀の思想家たちにとって、古代世界の限界を超えたことをはっきりと示す表現手段の一つでもあった。眠気や酔いを醒まし、頭を明晰にしてくれる、現代性と進歩の象徴——コーヒーは理性の時代にふさわしい、まさに理想的な飲料だったのである。

裁判にかけられたコーヒー

コーヒーの刺激作用は、その発祥の地とされるアラブ世界でかねてから知られていた。コーヒーの発見については、伝説めいた物語がいくつか存在する。たとえばある話では、エチオピアの山羊飼いが、山羊の群れが茶色がかった紫の実を食べると妙に興奮することを知る。山羊飼いは自分でも食べてみて、どうやらその実に興奮させる力があるらしいと気づき、地元の指導者にそのことを伝える。指導者は乾燥させた実をゆでて、その汁を飲むという新たな加工法を考え出した。その指導者は、夜通し続く宗教儀式で寝入らないために、これを飲んだという。別の話では、オマルという男がモカ——アラビア半島の南西端の国イエメンの都市——の外に広がる砂漠で餓死目前だった。

オマルは幻に導かれてコーヒーの木にたどり着き、その実を食べる。おかげでオマルは元気になり、モカに戻ることができた。モカの人々は、神がコーヒーの存在を人類に伝えるためにオマルを生かしたのだと考え、それ以降、コーヒーはモカで人気の飲み物になったという。

ビール発見にまつわる伝説と同じく、こうした物語にも多少は真実が含まれているのかもしれない。コーヒーを飲む習慣はまず、一五世紀半ばにイエメンで普及したと思われるからだ。それ以前から、元気になるということで、人々はコーヒーの実をかんでいたかもしれないが、実から飲み物を作る方法を編み出したのは、イエメンの学者で、スーフィーと呼ばれるイスラム神秘主義の僧侶、ムハンマド・アル＝ザブハーニーではないかと言われている。ザブハーニーは一四七〇年頃に死んでいるが、この頃までに、スーフィーがコーヒー（アラビア語では「カフワ」という）を飲む習慣を取り入れていたことは間違いない。スーフィーは、神に近づくために夜通し詠唱を続ける宗教儀式の際、眠気を防ぐためにコーヒーを飲んだ。

コーヒーがアラブ世界に浸透するにつれて――一五一〇年までには、メッカとカイロにも広まっている――この飲み物が実際、肉体にどのような影響を与えるのかが議論の的になった。コーヒーは、当初あった宗教との関係性を断ち切って社会的な飲み物となり、まずは通りや市場の開かれる広場で、その後専門店であるコーヒーハウスで、一杯単位で売買された。コーヒーはアルコールに代わる合法的な飲み物として、多くのイスラム教徒に愛好される。コーヒーハウスは、もぐりでアルコールを売る酒場と違い、社会的地位のある人々が大手を振って出入りできる場所だったのである。だが、コーヒーの法的身分はいまひとつはっきりとしなかった。コーヒーには人を酔わせる効果があるため、預言者ムハンマドが禁じたワインほかのアルコール飲料と同じく、宗教上の禁忌にあたる、と主張するイスラム教徒の学者もいた。

一五一一年六月のメッカにおいて、宗教指導者たちはついにコーヒーの禁止を正式に決める。コーヒーの消費を禁じる試みは何度か行われているが、おそらくこれが最初だろう。メッカの高官で、公衆道徳の維持責任者だったハーイル・ベイが、コーヒーを文字どおり裁判にかけたのである。ハーイル・ベイは法の専門家からなる審議会を開き、彼らの前に被疑者――コーヒーの入った大きな器――を置いた。人を酔わせる作用の有無について討議した結果、審議会はコーヒーの販売および消費を禁じるべきだというハーイル・ベイの意見に賛成し、この裁定がメッカ中で公布される。コーヒーは押収、豆は街路上で燃やされ、コーヒーを売買した者はむち打ちの刑に処された。しかし数ヵ月後には、カイロの上級当局がこの裁定を覆し、まもなくコーヒーは再び公に飲まれるようになる。面目を失ったハーイル・ベイは、翌年高官の職を解かれている。

ところで、コーヒーには本当に酩酊作用があるのだろうか？　イスラム教の学者たちは当時すでに、預言者ムハンマドが人を酔わせる効果のある飲み物をすべて禁じたのか、それとも酩酊するまで飲むことを禁じたのかについて、議論を繰り返していた。そこで、酩酊の法的な定義づけが必要だということになり、いくつかの定義――「ぼんやりとして、混乱している」「穏やかさと落ち着きに関して、自分の本来の性格から離れ、愚かで無知な状態に陥っている」「なにもかもまったく理解できず、男性と女性の違い、あるいは天と地の違いもわからない」など――が正式に出された。アルコール飲料に関する学術的討論のなかから生まれたこうした定義が、コーヒーにも適用されたのである。

もちろん、たとえ大量に飲んだとしても、コーヒーにこのような作用がないのは明らかで、実際の効果は正反対だった。あるコーヒー支持者は、次のように指摘している。「神の名を口にしてコーヒーを飲む者は、眠らずにいられる。一方、人を酔わせる飲み物のなかにふしだらな喜びを求める者は、神を軽視し、そして酔っぱらう」。反対派は、コーヒーを飲むことで身体あるいは精神に起きるあらゆる変化を論拠に、これを禁じようとした。しかしコーヒー擁護派は、香辛料を効かせた食べ物、にんにく、玉ねぎも、涙が出るなどの肉体的変化を生じさせるが、これらを食するのは完全なる合法だと指摘して、この反対派の攻撃を退けることに成功した。

カイロのハーイル・ベイらの上級当局は、コーヒーの販売および消費を禁じるという裁定は支持しなかったが、コーヒーを飲む集まりや場所を否定する意向には賛成だった。実際、権力者たちが懸念したのは、コーヒーが飲む者におよぼす作用よりも、コーヒーが飲まれている環境のほうだった。コーヒーハウスは陰口やうわさ話、政治的討論や風刺的議論の温床だったからである。コーヒーハウスはまた、道徳的に問題視されたチェスとバックギャモン（西洋すごろく）の場としても人気だった。厳密に言うと、イスラムの法が禁じていたのは、そうしたゲームで金を賭けることだったのだが、いずれにしろ、人々がゲームをしている姿は反対派の目に良くは映らなかった。コーヒーハウスはどんなにひいき目に見ても風紀を乱す場所、ひどいときには、陰謀と反乱を企てる人々の巣窟と受け取られたのである。

その後も、一五二四年のメッカや一五三九年のカイロなど、コーヒーハウスを閉鎖する試みは数多くなされたが、大抵、どれも長続きしなかった。いくらコーヒーハウスを閉鎖し、コーヒーを好む人々を怠け者、陰口好きと非難しようとも、コーヒーの売買自体に違法性がなかったため、結局、こうした試みはすべて失敗に終わったのである。一七世紀初めまでにアラビアを訪れたヨーロッパの人々が、コーヒーハウスの人気の高さと、会合および情報収集の場としての役割について、さまざまな発言を残している。イギリス人旅行者のウィリアム・ビダルフは、一六〇九年に「彼らのコッファハウスはイギリスのエールハウスよりも普及している(中略)。どんなニュースも、そこに集まっている人々の話題に上る」と言っている。同じくイギリス人旅行者のジョージ・サンズは一六一〇年にエジプトとパレスチナを訪れ、次のように観察している。「酒場はないが、近いものとして、コッファハウスがある。人々はそこで、小さな陶器に入れたコッファと呼ばれる飲み物(コッファの木の実から作られる)をすすりながら、おしゃべりをして一日の大半をすごす。コッファはできるだけ熱くして飲む。それはすすのように真っ黒で、味もすすと大差ない」

イスラム教との関連を理由に、ヨーロッパへのコーヒー導入が阻まれる可能性は、この頃に消えている。ローマ法王クレメント八世は一六〇五年に他界する少し前、カトリック教会のコーヒーに対する態度を決めるように求められた。当時のヨーロッパ人にとって、コーヒーはまだまだ目新しく、植物学者と医学者、たとえば医学研究の中心的存在のパドゥア大学の医師以外にはほとんど知られていなかった。宗教的な理由からコーヒーに反対する人々は、これは悪魔の飲み物であると訴えた。イスラム教徒はキリスト教徒の聖なる飲み物のワインを飲めないため、悪魔は彼らにコーヒーを与えて罰しているのだ、と主張したのである。だが、最終決定権は法王にあった。ベネチアのある商人が検品用に少量のコーヒーを持って現われ、法王は判断を下す前に、これを味見する。一説によれば、法王はその味と香りにすっかり魅了されたため、キリスト教徒がコーヒーを飲むことを認めたという。

それから半世紀のあいだに、この異国情緒あふれる新種の飲み物は、西ヨーロッパ各地へ急速に広まる。コーヒーハウスは一六五〇年代にイギリスに、一六六〇年代にアムステルダムとハーグに登場する。コーヒーが西方に広まるにつれて、コーヒーハウスは酒場に代わる上品かつ知的な場所であり、アルコールを出さないどんな店よりも優れている、というアラビア人の考えも同時に普及した。そしてこれが、のちにさまざまな物議を醸し出すことになる。

清教徒、策謀家、資本主義者のお気に入り

コーヒーは、一六五〇年代および六〇年代のロンドンに合うようにあつらえた飲み物、と言っていいかもしれない。最初のコーヒーハウスが出現したのは、チャールズ一世の王位剥奪、処刑によってイギリスの内戦が終結し、清教徒オリバー・クロムウェルが権力を握っていた頃のことだった。イギリスのコーヒーハウスは清教徒の時代に、酒場に代わる品位と節度のある場所として始まった。室内は大変に明るく、本棚、鏡、金縁の額に入れられた絵画のほか、趣味のいい家具の数々で飾られており、暗く汚らしい酒場の雰囲気とは正反対だった。一六五八年のクロムウェルの死後、世論は君主制の復活へと傾く。そして、一六六〇年のチャールズ二世による王政復古の道が開かれるなか、コーヒーハウスは政治的討論と陰謀の中心地となる。王の助言役のひとりだったウィリアム・

コベントリーは、クロムウェルが権力を握っていた時期に、チャールズ二世の支持者たちがしばしばコーヒーハウスに集まり、「王の友人たちは、ほかの場所ではあり得ないほど自由に議論を交わしていた」といい、コーヒーハウスでのそうした会合がなければ、王の復位はなかったかもしれないと示唆している。

同じ頃、ロンドンは商業帝国の中心として台頭しつつあった。コーヒーハウスは、人と会い、仕事をするための公共の場として都合のよい、品のある場所だったことから、実業家たちに広く受け入れられたため、王政復古後もその人気は変わらなかった。このように清教徒、策謀家、資本主義者に等しく気に入られたことで、コーヒーハウスは当時のロンドンの雰囲気と見事なまでに調和したのである。

一六五二年、ロンドンに初めてコーヒーハウスを開いたのは、イギリス商人の召使いのパスカ・ロゼというアルメニア人だった。ロゼの主人ダニエル・エドワーズは、近東を旅行中にコーヒーの味を覚え、その魅力に取りつかれた。エドワーズは毎日数回、ロゼにコーヒーを煎れさせていた。ロンドンの友人たちに飲ませたところ、だれもがこれをいたく気に入ったため、エドワーズはロゼにコーヒーを出す店を始めさせることにする。ロゼの新事業を告知するビラ「コーヒー飲料の効能」を読めば、当時コーヒーがいかに珍しいものだったのかがよくわかる。このビラは、読む者がコーヒーを知らないという前提で作られており、アラビア発祥であることや、煎れ方、飲み方の習慣などが説明されている。ビラの大半を占めるのはコーヒーの薬としての効能の紹介で、目の痛み、頭痛、咳、水腫、痛風、壊血病に効き、流産を予防する効果もあるとうたわれている。だが、ロゼの店に客を呼んだのはおそらく、コーヒーには商業的な利点があると説く宣伝文句のほうだったに違いない。「コーヒーは眠気を防ぐため、飲んだ人は仕事をするのにもってこいの状態になる。特に、注意力が必要な状況にはうってつけだ。ただし、眠りたくない人以外は、夕食後に飲むのは避けたほうがいい。三、四時間は眠れなくなるからだ」

ロゼの店は大変なにぎわいを見せたため、近くの酒場の主人たちはこれを憂い、公民権を持たないロゼに自分たちと競合する商売を行う権利はない、とロンドン市長に訴えた。ロゼは国外追放となったが、コーヒーハウスというアイデア自体は残り、一六五〇年代を通じて新しい店が次々に誕生する。一六六三年までに、ロンドンのコーヒーハウスの数は八三軒にも達していた。多くは一六六六年のロンドンの大火で焼失したが、その後、新しい店が次々に開店し、一七世紀末までには数百軒に増える。三〇〇〇軒とする説もあるが、当時のロンドンの人口が六〇万人しかなかったことを考えると、この数字は疑わしい。ちなみに、ココアや茶など、ほかの飲み物が出されることもあったが、コーヒーハウスに漂う整然とした友好的な雰囲気は、アラビアのコーヒーハウスに触発されたものであり、主役はやはりコーヒーだった。

もちろん、だれもがこの流行を喜んだわけではない。商業的な理由から異を唱えた酒場の主人やワイン商人のほか、反対派のなかには、この新しい飲み物は毒だと信じる医師や、アラビアのコーヒーに対する批判をまねて、コーヒーハウスのせいで人々は時間の浪費でしかない無駄話にふけり、もっと大切な活動が犠牲にされるのではないか、と懸念する批評家もいた。また、たんにコーヒーの味が嫌いで、「すすを煮詰めたもの」「古靴を煮出したもの」と言ってこれをけなす者もいた（ビールと同じく、コーヒーはガロン単位で課税されたため、前もって作っておかねばならなかった。そのため、コーヒーハウスでは樽のなかの冷めたコーヒーを温め直して客に出したのである。旨くなかったのは当然だろう)。

こうして、コーヒー賛成派・反対派双方のパンフレットやちらし類が巷に数多く出回ることになった。以下にそれらの見出しの一部を挙げる――「コーヒーで小競り合い」(一六六二)、「コーヒー反対のちらし」(一六七二)、「コーヒー保護を訴える」(一六七四)、「コーヒーハウスの汚名は晴れた」(一六七五)。なかでも注目すべきは、ある女性団体がロンドンのコーヒーハウスに抗議したものだろう。「コーヒーに反対する女性の嘆願書――あの干上がらせ、衰弱させる液体の過剰摂取によって生じる、女性の性生活に関する多大な不都合を公共の思慮に訴える」。彼女たちは同嘆願書のなかで、夫がコーヒーを飲みすぎて「この不吉な実の発祥地とされる砂漠のごとく、不毛になりつつある」と訴えた。また、男性が女人禁制のコーヒーハウスに入り浸っており、これは「人類滅亡の危機である」とさえ言っている。

コーヒーの真価を巡る議論が激化したことで、ついにはイギリスの権力者たちも行動を起こす。実際、チャールズ二世はコーヒーハウスを取り締まるための口実をかねてから探していた。アラビアの支配者たちと同じく、チャールズもまた、コーヒーハウス内における言論の自由を懸念し、謀議を行うのにうってつけの場なのではないか、と不安を抱いていた。自身の復位にコーヒーハウスが多少なりとも役立っただけに、なおさら心配だったのである。一六七五年一二月二九日、チャールズは「コーヒーハウス禁止宣言」を公布した。「そこは大変害悪かつ危険な影響を生むところである（中略）。コーヒーハウスでは、偽りと悪意に満ちた、大変恥ずべきうわさの数々が作られては、広く流布し、国王陛下の政府を中傷し、王国の平安と静寂を乱している。国王陛下は、コーヒーハウスの閉鎖および禁止は適切であり、かつ必要だとお考えになっている」

これに対して国民は抗議の声を上げる。コーヒーハウスはすでに、ロンドンの社交、商業、政治活動の中心的存在になっていたからだ。多くの人々が禁止宣言を無視していることを知った政府は、権威の失墜を恐れ、コーヒー販売者は五〇〇ポンドを支払い、王への忠誠を誓えば六ヵ月間商売を続けてもよい、とする公告を発した。ところが、それからまもなくしてこの条件も、スパイと中傷者の入店を拒むこと、というあいまいな条件に取って代わられる。王でさえ、コーヒー人気を抑えることはできなかったのである。

同じように、マルセイユ——一六七一年、フランスで初めてコーヒーハウスが開店した都市——の医師は、健康に悪影響をおよぼすとしてコーヒーを攻撃している。コーヒー人気の高まりを脅威に感じたワイン商人たちの強い要請を受けてのことだった。この医師らによれば、コーヒーは「下劣でくだらない、目新しいだけの外国産で（中略）、山羊とらくだが発見した木の実である。この実は血液を燃え上がらせ、手足の麻痺やインポテンツを引き起こし、身体を貧弱にする」ので、「非常に多くのマルセイユ市民に害がおよぶ」ことになるだろうと主張した。だが、彼らの攻撃に、コーヒーの普及を遅らせる効果はほとんどなかった。コーヒーは貴族たちのあいだでしゃれた飲み物として流行しており、一七世紀末までに、コーヒーハウスはパリで大盛況となっていたからである。コーヒーはドイツでも人気で、たとえば作曲家のヨハン・セバスチャン・バッハは「コーヒー・カンタータ」を書き、医学的にコーヒーの批判を試みて失敗した人々を風刺している。コーヒーはオランダでも広まり、ある作家は一八世紀初めに「コーヒーは我が国でしごく一般化している。雑役婦や裁縫師は毎朝コーヒーを飲まないと、針の穴に糸を通すこともできないだろう」と書いている。アラビアの飲み物だったコーヒーは、すでにヨーロッパを征服していたのである。

切り枝から、コーヒーの帝国へ

一七世紀末まで、アラビアは世界各地へのコーヒー供給国として独占的な地位を築いていた。一六九六年、パリのある作家は次のように書いている。「コーヒーはメッカ近郊で収穫される。その後ジッダの港に運ばれ、そこから船でスエズに行き、らくだに乗せてアレクサンドリアまで輸送される。このエジプトの倉庫のなかで、フランスとベネチアの商人がそれぞれ自国で必要とするコーヒー豆を買う」。オランダ人の手によって、モカから直接船で出荷されることもあったが、それは継続的なものではなかった。そのため、コーヒー人気が高まるにつれて、ヨーロッパ諸国はアラビアからの輸入に完全に依存していることを懸念し始め、ついに独自の供給ルートの確立に着手する。これに対してアラビア人は、独占状態を守ろうとあらゆる手を尽くし、たとえばコーヒーの栽培を防ぐために、豆から芽が出ないように処理してから出荷し、コーヒーの生産地域への外国人の立ち入りをいっさい禁じるなどした。

アラビアの独占状態を最初に切り崩したのはオランダ人だった。オランダはポルトガルに代わり、一七世紀を通じて東インド諸島を支配し、その過程で香辛料の交易を牛耳り、短期間ではあったが、当時、世界一の商業国だった。オランダの船乗りたちはアラビアのコーヒーの木の切り枝を盗んでアムステルダムに持ち帰り、温室栽培に成功する。一六九〇年代、オランダ東インド会社がコーヒー・プランテーションを植民地だった現在のインドネシア・ジャワ島のバタビア（今日のジャカルタ）に作る。それから数年のうちに、ジャワ・コーヒーがジャワ島からロッテルダムに直接出荷されるようになり、オランダがコーヒー市場を掌握した。専門家に言わせれば、アラビアのコーヒーのほうが香りでは優っていたようだが、値段ではジャワ産と勝負にならなかったのである。

次に割って入ったのはフランスだった。オランダは、コーヒーの木が砂糖の生産に不可欠な気象条件があれば栽培できることを実証してくれた。つまり、コーヒーは東インド諸島だけでなく、西インド諸島でも生育できることがわかったのである。フランス領だった西インド諸島にコーヒーを持ち込んだのは、当時マルティニーク島に駐屯していたフランス海軍士官ガブリエル・マテュー・ド・クリューである。一七二三年にパリを訪れた際、ド・クリューはコーヒーの木の切り枝を手に入れてマルティニーク島に持ち帰るという、私的な計画を実行する。当時パリにあったコーヒーの木は、一七一四年にオランダからルイ一四世に贈られたものだけで、王立植物園ジャルダン・デ・プラントの温室で、標本として大切に育てられていた。ルイ一四世はコーヒーにさほど興味がないようだったが、だからといって、ド・クリュー自らが国王の木を切るわけにはいかない。そこで彼はコネを利用することにした。ド・クリューは貴族階級の若い女性を介して王の主治医から切り枝を入手する。この医師は治療薬を作る目的なら、あらゆる植物を自由に使うことが許されていた。こうして、ド・クリューはコーヒーの切り枝を枯らさないようにガラスのケースに入れ、西インド諸島行きの船に持ち込んだのである。

ド・クリュー本人の誇張気味の言葉によると、この切り枝は大西洋を渡る旅のあいだに、数え切れないほどの危機に直面したという。「長い航海中、わたしがこの傷つきやすい苗にどれほどの注意を払い、これを守るためにいかに多くの困難を経験したか――語り尽くすことなどとてもできない」。彼は後年、この危険に満ちた旅の詳細な記録の冒頭にそう書いている。最初の困難は、オランダなまりのフランス語を話す、ひとりの怪しげな乗客の目から逃れることだった。ド・クリューは毎日この苗を甲板に持っていっては日に当てていたのだが、ある日、うっかりとケースの横でうたた寝をしてしまい、目を覚ますと、そのオランダ人に大切な芽を一つ折られていた。幸い、このオランダ人はマデイラで下船した。その後、船は海賊船に襲われる。なんとか難は逃れたが、戦いの最中にコーヒーの切り枝の入ったガラス・ケースが割れてしまい、ド・クリューは船大工に頼んで修理してもらった。続いて嵐に遭遇し、またもやケースが割れて、切り枝は海水で濡れてしまった。さらに、ひどい凪《なぎ》のために海上で数日間足止めをくらい、飲み水が配給制になるという事態に陥った。ド・クリューによると、「水が足りず、わたしは一ヵ月以上、わずかな水を、大いなる希望の源であるコーヒーの切り枝と分け合わなければならなかった」という。

ついに、ド・クリューと彼の大切な荷はマルティニーク島に到着した。「家に戻って最初にしたのは、生育に最適な庭の一画に、細心の注意を払ってこの苗を植えることだった。わたしはこれをつねに監視していたが、だれかに取られてしまうのではないか、と幾度も不安に駆られた。ついに居ても立ってもいられなくなり、大切な苗を守るため、とげの生えた低木で囲むことにした

ガブリエル・マテュー・ド・クリューは、マルティニーク島に向かう途中、凪で船が動かないあいだ、支給された水をコーヒーの苗木と分け合った。

(中略)。数々の困難に遭い、あれこれと手をかけたことで、苗はなおいっそう愛おしい存在になった」。二年後、ド・クリューはこの木から初めて実を収穫する。また、友人たちにも栽培用に切り枝を配った。さらには、サントドミンゴとグアドループ島にも木を送った。木はいずれの土地でも根づき、生い茂った。一七三〇年、ついにフランスへのコーヒーの輸出が開始される。コーヒー豆の生産量は国内の需要を大きく上回ったため、フランスは余剰分をマルセイユから船でレバント地方に輸出し始める。今回もまた、アラビアのコーヒー豆は惨敗だった。その功績を認められ、ド・クリューは一七四六年、ルイ一五世に拝謁している。一五世は前任者と違い、コーヒーに夢中だったのである。同じ頃、オランダは南アメリカの植民地スリナムにコーヒーを持ち込んだ。ド・クリューが持ち込んだ苗の子孫はスリナムでも、さらにハイチ、キューバ、コスタリカ、ベネズエラでも繁茂する。その後、最終的にブラジルがアラビアを大きく引き離し、世界随一のコーヒー供給国になったのである。

このように、イエメンで宗教的な飲み物として誕生したコーヒーは、その後大きな変化を遂げる――アラビア世界に浸透したのち、ヨーロッパ中で支持され、ヨーロッパの諸大国によって世界中に広まった。コーヒーはアルコールに代わる飲み物として世界的な人気を博し、とりわけ知識人とビジネスマンに好まれたのである。注目すべきは、この新しい飲み物の斬新な楽しみ方である。人々はコーヒーハウスで、コーヒーだけではなく会話も買った。コーヒーハウスは社交的、知的、商業的、政治的会話のための、まったく新しい場となったのだ。

第8章

コーヒーハウス・インターネット

機知と笑いが大好きで
オランダ、デンマーク、トルコ、ユダヤなど
世界中のニュースを聞きたいのなら
あなたにぴったりの、とびきり新しい場所がある
コーヒーハウスに行ってみるといい
そこで耳にする話は、どれも真実だから
コーヒーハウスには、王からねずみのことまで
世界中のあらゆるニュースが
昼となく夜となく飛び込んでくる

——『ニュース・フロム・ザ・コーヒーハウス』トーマス・ジョーダン（一六六七年）

コーヒーが動力の情報ネットワーク

一七世紀のヨーロッパのビジネスマンが、たとえば最新のビジネス情報をチェックしたい、物価の動向を知りたい、政治のうわさ話を耳に入れたい、新刊本の評判を聞きたい、あるいは最新の科学の話題に遅れたくないと思ったら、とにもかくにも、コーヒーハウスに行きさえすればよかった。コーヒー一杯（または〝一皿〟）の値段で、最新のパンフレットと新聞が読め、ほかの客たちと歓談し、取引をまとめ、文学または政治討論に参加することができたからだ。ヨーロッパのコーヒーハウスは、科学者、ビジネスマン、作家、政治家たちの情報交換の場だった。現代のホームページと同じく、コーヒーハウスは最新の、そしてしばしば信用のならない情報の発信源であり、それぞれの店が専門の話題、または独自の政治的視点を持っているのが普通だった。そのため自然と、コーヒーハウスはニュースレター、パンフレット、宣伝用のビラ、ちらしなど、数々の印刷物の販売・配布の場にもなった。当時のある評者はこう指摘している。「コーヒーハウスは大変広い場所で、人々は会話を自由に楽しむことができる。また、あらゆる種類の情報を伝える刊行物、議会の会期中は投票結果、そして毎週ないしは不定期に発行されるそのほかの印刷物の類も、手頃な価格で読むことができる。たとえば『ロンドン・ガゼット』は毎週月・木曜日に、『デイリー・クーラント』は日曜を除く毎日、『ポストマン』『フライング・ポスト』『ポスト・ボーイ』は毎火・木・土曜日に、『イングリッシュ・ポスト』は月・水・金曜日に発行され、追記も頻繁に出される」。こうした刊行

17 世紀後半のロンドンのコーヒーハウス。

物は、コーヒーハウスの機知を地方や田舎の町に伝える働きもした。

客の関心に合わせて、物価、株価、積み荷のリストを壁に貼るところや、他国のニュースが満載の外国のニュースレターを定期的に取り寄せるところもあった。コーヒーハウスは次第に、それぞれ特定の商売との関わりを深め、たとえば仕事を求める俳優、音楽家、船乗りが人と会うためにやって来るところとなった。そして多くの場合、このような特定の顧客の要求を満たす、あるいは特定の主題を専門とする複数のコーヒーハウスが近くに集まっていた。

ロンドンは特にそうで、一七〇〇年までにはすでに数百軒ものコーヒーハウスが営業し、それぞれ特色のある名前と看板を扉に掲げていた。セント・ジェームズ宮殿とウェストミンスター周辺のコーヒーハウスには政治家が足繁く通い、セント・ポール大聖堂のそばには聖職者と神学者が頻繁に訪れた。文学者たちは、コベント・ガーデンのコーヒーハウス、ウィルズに集まった。そこでは三〇年ものあいだ、ジョン・ドライデンと彼の仲間たちが最新の詩や劇についての批評や意見を交わし合った。王立取引所周辺のコーヒーハウスは、どこに行けばつかまるのかが同僚にわかるように、決まった時間、決まった店にいるビジネスマンや、コーヒーハウスを事務所、会議室、取引の場として利用するビジネスマンでにぎわった。チャンセリー・レーンのコーヒーハウス、マンズでは本が売られ、競売場も兼ねるいくつかのコーヒーハウスでは、あらゆる種類の品物が売り買いされた。ある種の話題に特化した、とりわけ専門性の高いところもあり、一七〇九年にロンドンで創刊された雑誌『タトラー』は、事項索引の見出しにそうしたコーヒーハウスの名前を使っている。以下は創刊号からの抜粋だ。「色事、快楽、娯楽関係の記事はすべてホワイツ・チョコレートハウスの項に、詩はウィルズ・コーヒーハウス、学問はグレシアン、外国および国内のニュースは、セント・ジェームズ・コーヒーハウスの項にある」

『タトラー』の編集者リチャード・スティールは発行所の郵便宛て先を、科学者たちのお気に入りのコーヒーハウス、グレシアンにしていた。これもまた、コーヒーハウスがもたらした革新の一つで、一六八〇年にロンドンで一ペニー郵便制が誕生して以降、コーヒーハウスを郵便の宛て先として使う習慣が一般に広まった。常連客は一日に一、二度、決まったコーヒーハウスに顔を出しては、コーヒーを一杯飲み、最新のニュースを耳に入れ、自分宛てに郵便物が届いていないかどうかをチェックできたのである。「外国人が言うには、ロンドンが他のどの都市とも違うのは、コーヒーハウスの存在によるところが特に大きいそうだ」と、一九世紀の歴史家トーマス・マーコレーは自著『イギリス史』に書いている。「コーヒーハウスはロンドンの人々にとって自宅のような存在で、紳士たちは一般に、お住まいはフリート・ストリート、それともチャンセリー・レーンですか、と訊かれるのではなく、よく行くコーヒーハウスはグレシアン、それともレインボーですか、と訊かれる」。興味のある事柄ごとに、行きつけのコーヒーハウスを何軒か持っている者もいた。たとえば商人なら、金融関係者が出入りするコーヒーハウスと、バルト海、西インドないしは東インドへの船舶運送の専門家が通うコーヒーハウスのあいだを行ったり来たりする、というように。イギリス人科学者ロバート・フックが非常に幅広い事柄に興味を持っていたことは、一六七〇年代、ロンドンのコーヒーハウスを六〇軒近く巡ったとする彼の日記の記録が証明している。

うわさ話やニュース、陰口は、客の口づてでコーヒーハウスから別のコーヒーハウスへと伝わった。戦争のぼっ発や国家元首の死といった大きな出来事が起きると、その知らせを持って、何軒ものコーヒーハウスを回る使いも出た(「宰相絞殺される」――フックは一六九三年五月八日、コーヒーハウスのジョナサンズでこの事件を耳にし、そう日記に書いている)。コーヒーを動力とするこのネットワークを通じて、ニュースはあっという間に広まったのである。以下は、一七一二年に刊行された『スペクテイター』からの抜粋だ。「数年前、町にひとりの男がいた。彼は気晴らしにチャリング・クロスで毎朝八時にウソをつき、晩の八時まで町中でそのウソのあとを追いかけた。それから彼は仲間のもとを訪れ、自分のついたウソをコベント・ガーデンのウィルズの客たちがどう非難したか、チャイルズの客たちがどれほど怖がっていたか、ジョナサンズの客たちが株に与える影響をどう推測したのかを話して聞かせては、彼らを楽しませたのである」

コーヒーハウスでの議論は公的世界と私的世界をつなぐユニークな架け橋となり、世論を形作り、これを反映してもいた。コーヒーハウスは、すべての男性に開かれた(少なくともロンドンでは、女人禁制だった)公的な場所であると同時に、素朴な装飾、居心地のいい家具、そして常連客の存在が、その雰囲気を家庭的でくつろげるものにしていた。外の世界では通用しないコーヒーハウスだけのルールがいくつかあり、訪れる人はそれを尊重するのが望ましいとされた。社会的身分の違いの意識は扉の前で置いていくのが、そこでのしきたりだった。当時の詩にこんなものがある。「上流階級の人も、交易商もみんな大歓迎。侮辱はなし。みんな隣り合わせに座る」。アルコールを飲むときに見られる、たがいの健康を祈って乾杯するという習慣は禁止だった。また、口論を始めた者はだれであろうとも、罪滅ぼしとして、店にいる全員にコーヒーを一杯ずつ振る舞わねばならなかった。

　コーヒーハウスの重要性を知るには、当時のロンドンの様子を知るのが一番だろう。一六八〇年から一七三〇年にかけて、コーヒーを世界一消費したのはこの街の人々だったからだ。当時の有識者たちの日記には、コーヒーハウスに関する記述が数多く見られ、たとえばイギリスの役人サミュエル・ピープスの日記には、「それからコーヒーハウスへ」というフレーズが頻繁に登場している。彼の一六六四年一月一一日の日記からは、深遠な事柄も、取るに足らない事柄も同じように話題にし、だれと出会うか、あるいはなにを耳にするかわからないという、当時のコーヒーハウス内に広がっていた世界主義的で、予期せぬ出会いの可能性に満ちた雰囲気をうかがい知ることができる。

「それからコーヒーハウスへ。W・ペティ卿とグラント船長がやってきて、皆で音楽、人間の普遍性、記憶の術など、実に素晴らしい会話を心ゆくまで楽しんだ（もうひとり、若い紳士もいた。おそらく商人だと思われる。ヒル氏というこの紳士は旅の経験が豊富で、音楽をはじめ、大抵の物事に精通しているように見受けられた）。これほどよい話し相手を見つけられたのはしばらくぶりである。時間があれば、ヒル氏ともぜひお近づきになりたい（中略）。町の人々が話題にしているのは相変わらずコロネル・ターナーという泥棒のことだ。きっと絞首刑になるだろう、というのが皆の考えだ」

　また、フックの日記からは、彼がコーヒーハウスを友人たちとの学術的議論の場、建築者および器具製造業者との交渉の場、さらには科学的実験の場としてさえ利用していたこともわかる。一六七四年二月の日記には、彼のお気に入りのコーヒーハウス、ギャラウェイズで討論した話題が記されている。たとえば、インド諸島の交易商との話題では、現地の人々は物を持つのに手だけでなく足も使う習慣があるらしいこと、ヤシの木は驚くほど背が高いこと、当時西インド諸島から入ってきたばかりの異国情緒あふれる果物「クイーン・パイン・アップルはきわめて美味である」こと、などである。

コーヒーハウスは教養を高め、文学的、哲学的考察を行い、商売に革新をもたらすところであり、時には政治的画策をする人々が集まる場所だった。そして、なによりも重要なのは、コーヒーハウスが客、刊行物、店から店に伝わる情報でつながれた、ニュースとうわさ話の情報センターだった点にある。ヨーロッパのコーヒーハウスは全体で、理性の時代のインターネットの役割をはたしたのである。

コーヒーハウスで沸き上がった科学と金融の革命

西ヨーロッパにおける最初のコーヒーハウスは、交易ないし商業の中心地ではなく、大学都市オックスフォードで誕生した。パスカ・ロゼがロンドンに店を出す二年前の一六五〇年、ジェイコブというレバノン人が開業したのが始まりである。今でこそ、コーヒーと学問の世界との結びつきは当たり前と見なされている――学会やシンポジウムの休憩時間にコーヒーを出すのは習慣になっている――が、当初はさまざまな物議を醸し出した。コーヒーがオックスフォードで人気となり、これを売るコーヒーハウスの数が急速に増え始めると、大学上層部は取り締まりを試みた。コーヒーハウスは怠け癖を助長し、研究の妨げになるのではないか、と懸念したのである。当時の年代記編者アンソニー・ウッドも、この新しい飲み物に対する人々の熱狂ぶりについて、次のようにはつきりと非難している。「なぜ、中身のある、まじめな学問が衰退し、いまや大学では、ほとんど、いやだれも取り組まなくなってしまったのか？　答え――彼らはコーヒーハウスに入り浸っているからだ」

だが、こうしたコーヒー反対派の主張は完全な的はずれだった。というのも、コーヒーハウスは学術的討論の場として人気を博し、とりわけ科学――当時は「自然哲学」と呼ばれた――の進歩に興味を抱く人々に好まれたからだ。コーヒーは知的活動を妨げるどころか、これを積極的に助長したのである。実際、コーヒーハウスは「ペニー大学」と呼ばれることもあった。コーヒー一杯の値段の一、二ペニーを払えば、だれでも店に入り、議論に参加できたからである。当時の詩にこのようなものがある。「こんなに素晴らしい大学はどこにもないと思う。一ペニー払うだけで、だれでも学者になれるのだから」

オックスフォード大学で学びながら、コーヒーハウスでの議論の味を覚えた若者のひとりに、建築家で科学者のクリストファー・レンがいる。ロンドンのセント・ポール大聖堂の設計者として知られる人物だ。レンは当時の優秀な科学者でもあり、一六六〇年にロンドンで創設されたイギリスの科学協会の先駆的存在、英国学士院《ロイヤル・ソサエティ》の創立会員のひとりだった。フックやピープス、エドモンド・ハレー（ハレー彗星の発見者として知られる天文学者）を含むここの会員たちは、学士院の会議後、コーヒーハウスにこっそりと集まっては、議論を続けたという。たとえば、フックの一六七四年五月七日の日記によると、彼は英国学士院で、天体の高度を測定する四分儀の改良版の実演をし、その後コーヒーハウスのギャラウェイズに移り、再度実演を行った。そこで議論を交わした相手が、翌年にチャールズ二世から初の王室天文官に任命されるジョン・フラムスティードだった。堅苦しい学士院での会議とは対照的に、コーヒーハウスの雰囲気は肩の力の抜けたものだったので、活発な議論、考察、意見の交換ができた、とフックは書いている。

フックの日記には、コーヒーハウスでの議論の様子が描かれている。ある日マンズで、フックとレンはバネの性質について、次のようにして情報交換を行ったという。「バネの動きについて会話を交わす。彼は大気の状態を測定する計器に関する適切な見解を述べた（中略）。わたしは別の考えを伝え（中略）バネ計りの理論について話した（中略）。彼はひも計りの仕組みについて話した」。別のときには、フックは医学的な治療法について、コーヒーハウスのセント・ダンスタンズで友人と意見を交換している。コーヒーハウスはまた、科学者が未完成の自説やアイデアを試すことのできる場でもあった。ただし、フックは高慢で、理屈っぽく、自分の論を大袈裟に述べることで有名だった。ギャラウェイズでフックと議論をしたあと、フラムスティードは、長らく観察した結果、フックには「手当たり次第に反対し、自分ではほとんどなにも判断せず、未証明の論で自らを擁護する性質がある」ことがわかった、と苦言を呈している。一方のフックは、フラムスティードに「言葉でたっぷりと攻められた。彼は自分だけが知っており、わたしが知らない物事について、同席した人々に、わたしがいかに無知であるかを納得させようとした」と書いている。

しかし、フックのコーヒーハウスでの高慢ぶりが偶然にも、科学革命を代表する書籍の出版の引き金になる。一六八四年の一月のある晩、フック、ハレー、レンは、当時大きな話題を呼んでいた重力論について議論した。ハレーはコーヒーをすすりながら、惑星の軌道が楕円形なのは、距離の逆二乗の法則による重力の減少と一致するのではないか、と言った。フックはそうだと断言し、逆二乗の法則だけで惑星の動きがすべて説明できる、自分はすでにそれを数学的に証明した、と主張した。しかし、その証明を試みて失敗していたレンには、どうにも納得がいかなかった。のちのハレーの述懐によると、レンは「二ヵ月時間をあげるから、わたしとフック氏のどちらかに、その説をきちんと実証してもらいたい。見事実証できたほうには、栄誉に加えて、四〇シリングの本を贈る」と提案したという。ハレーもフックもレンの挑戦を受けず、結局、これは話だけに終わった。

数ヵ月後、ハレーはケンブリッジに行く。科学者仲間のアイザック・ニュートンのもとを訪れるためである。ハレーはレンとフックとのコーヒーハウスでの白熱した議論を思い出し、ニュートンに同じ質問をぶつけてみた。惑星の楕円軌道は重力の逆二乗の法則によるものなのだろうか？フック同様、ニュートンもそれはすでに証明済みだと主張した。だが、ハレーに証拠を見せてほしいと言われたが、その場ではできなかった。ハレーが帰ったあと、ニュートンはこの問題の解明に専心する。一一月、ニュートンはハレーに重力の逆二乗の法則が惑星の楕円軌道の原因であることを証明する論文を送った。しかし、この論文はたんなる前触れにすぎなかった。ハレーの質問は、ニュートンが長年にわたる研究結果をまとめ、科学史上最も偉大な一冊『自然哲学の数学的原理』（通称『プリンキピア』）を完成させるための、最後のあと押しをしたのである。一六八七年に出版されたこの記念碑的大著のなかで、ニュートンは自ら発見した万有引力の法則で、りんごが落ちる理由（おそらく作り話だろうが）から惑星の軌道まで、地上および天上のあらゆる動きを説明できることを実証した。『プリンキピア』で、ニュートンはついに、古代ギリシア人の信憑性のない理論に代わる、物理科学の新たな基盤を作ることに成功した。つまり、万物を理性の支配下に置いたのである。その卓越した功績から、ニュートンは史上最も偉大な科学者として広く認められている。

一方、フックは数年前にニュートンと手紙をやり取りした際、自分が逆二乗の法則のアイデアを教えたのだと主張しており、一六八六年に『プリンキピア』の初版が英国学士院に提出されたあと、コーヒーハウスでの議論でそれが自説であることを訴えている。だが、科学者仲間らを納得させることはできなかった。コーヒーハウスでアイデアを披露することと、その正当性を正式に証明することとのあいだには天と地ほどの差があった。フックは自らのアイデアを出版、つまり英国学士院に正式に提出したことがなく、なにについても自分のほうが先に思いついた（実際にそうだった場合も多いのだが）とうそぶくという悪評も立てられていた。「コーヒーハウスに移り」と、ハレーはニュートンへの手紙に書いている。「フック氏はそのアイデアは自分のもので、この発明の最初のヒントをあなたに教えたのだと主張し、人々を説得しようとしました。しかし、あなたが創案者でしかるべきだというのが皆の意見です」。フックの抗議もむなしく、コーヒーハウスの裁定はすでに下っており、その有効性は現在も続いているというわけだ。

ロンドンのコーヒーハウスを介する科学的知識の普及は、一七世紀末に向けて、新たな、より系統的な形を取り始める。セント・ポール大聖堂に近いマリン・コーヒーハウスでは、一六九八年から数学に関する講義が繰り返し行われており、ここを皮切りにして、コーヒーハウスはさらに複雑な内容の講義の場として人気を博していく。フラムスティードの元助手だったジェームズ・ホジソンは、最新の顕微鏡、望遠鏡、プリズム、ポンプを使って科学を人々に解説し、ロンドン随一の科学の普及家として有名になる。ホジソンは自然哲学に関する自身の講義について、「すべての有益な知識に必要な、最上かつ確実な基礎を与える」とうたい、さまざまなガスの特性、光の性質、天文学および顕微鏡の使用法の最新の発見を実演してみせた。ホジソンはまた、私的に講義も行い、航海学に関する書籍も出版している。同様に、スレッドニードル・ストリートのスワン・コーヒーハウスは数学と天文学に関する講義の場で、サザックのあるコーヒーハウスは、数学を教え、航海学に関する書籍を出版し、科学機器を販売する一家の経営だった。ボタンズとマリン・コーヒーハウスでは、日食に合わせて、天文学に関する特別講義が開かれている。

こうした講義は、科学の普及だけでなく、商業的利益ももたらした。船乗りと商人は、科学が航海術の向上に役立ち、ゆえに商業的成功にもつながることに気づき、科学者たちは、見るからに難解な発見の数々に実用的な価値があることを積極的に実証しようとした。あるイギリス人数学者は一七〇三年、数学は「交易業者、商人、船乗り、大工、土地の測量士といった人々の仕事になった」と評している。航海、採鉱、製造に関する新たな発明や発見を利用しようと、起業家と科学者が手を組んで会社を興し、これがのちの産業革命につながった。コーヒーハウスで、科学と商業が結びついたのである。

コーヒーハウスの革新と実験の精神は金融業界にも広がり、それまでなかった種類の保険、くじ、株式組織といった新たなビジネス・モデルが生まれた。ただし、コーヒーハウスで企てられた冒険的事業の多くは、計画だけで実行されなかったか、あるいは見事なまでの失敗に終わっている。南海会社の株交換の不正な計画が一七二〇年九月に破綻し、数千人の投資家を破滅に追いやった南海泡沫事件の劇的な顛末は、ギャラウェイズをはじめとするコーヒーハウスという舞台で起きたものだ。ただし、うまくいった例もある。なかでも最も有名なのは、一六八〇年代末にエドワード・ロイドがロンドンで開店したコーヒーハウス、ロイズで始まったものだろう。このコーヒーハウスには船長、船主、商人らがよく集まった。最新の海運事情を仕入れ、船と船荷の競売に参加するためである。そこでロイドは、こうした情報を収集・要約し、外国の駐在員からの報告を折り込んだニュースレター――最初は手書きだったが、のちに印刷物にする――の形にして、定期的に発行した。おのずとロイズは船主と船舶専門の保険業者の会合場所になる。商談用に店の一画を借りる保険業者も現われ、一七七一年、ロイズに出入りしていた七七の業者が協力してソサイエティ・オブ・ロイズを設立する。これが現在ロイズ・オブ・ロンドンの名で知られる、世界最大の保険市場となったのである。

コーヒーハウスは株式市場の役割もはたした。株はもともと、他の品と並んで王立取引所で売買されていたが、上場会社の数が増加し（一六九〇年代中に、一五社から一五〇社に増えた）、取引活動が活発になると、政府は「仲介人および仲買人の数と活動を抑える」ための法律を制定し、取引所内における株の売買に厳しい制限を課した。これに反発した仲介人たちは取引所をあとにし、近くの通りに並ぶコーヒーハウスに移動した。なかでも特に多くの者が集まったのが、エクスチェンジ・アレーのジョナサンズだった。以下は一六九五年のある仲介人の宣伝文句だ――「エクスチェンジのジョナサンズ・コーヒーハウスのジョン・キャスティング。宝くじから株券までなんでも扱います」

取引量が増えるにしたがって、コーヒーハウスという非公式な取引場の弊害が目立ち始める。そこで、支払いを怠った仲介人については、ジョナサンズへの出入りを禁止することにした。もちろん、ほかの店での取引は可能だったが、ジョナサンズから締め出されることは、仲介人にとってビジネス上の大きな損失を意味した。債務不履行者の名前は黒板に記され、一度締め出された者がしばらくして再びジョナサンズに現わることのないようにした。それでも依然として問題が残ったため、一七六二年、一五〇の仲介業者からなる団体は、ジョナサンズの経営者と協定を結ぶ。ひとり年間八ポンドを支払い、店内の使用許可を得るとともに、信用できない仲介人を除外および排除する権利を行使できる、というものだったが、この計画はひとりの締め出された仲介人によって見事に失敗する。この仲介人が、コーヒーハウスは公共の場であり、だれもが自由に出入りできなければおかしい、と主張したからだ。そこで一七七三年、ジョナサンズの証券取引業者の団体は、店を離れて新しい建物に移る。ここは当初、ニュー・ジョナサンズと呼ばれたが、当時の『ジェントルメンズ・マガジン』の記事にあるように、まもなく別の名に変えている。「ニュー・ジョナサンズはストック・エクスチェンジに改名し、扉にこの名称を掲げることに決定した」——これが今のロンドン証券取引所の前身である。

国家と民間双方の金融に急速な革新が起きたこの時期、数々の株式会社の設立、株の売買、保険制度の発展、国債の公的融資など、あらゆる要素が絡み合い、ロンドンはついにアムステルダムに代わって世界金融の中心となった。これがいわゆるイギリスの金融革命である。この革命は費用のかかる植民地戦争への資金提供のために必要とされていたもので、肥沃な知的環境とコーヒーハウスの投機精神がこれを可能にした。スコットランドの経済学者アダム・スミスの『国富論』は、いわば『プリンキピア』の金融版である。スミスはこのなかで、放任主義の資本主義という新たな理論を説いてこれを支持し、政府が商業と繁栄を促進するための最良の方法は、人々の自由裁量に任せることだ、と主張している。スミスは同書の大半をブリティッシュ・コーヒーハウスで書いている。その店は彼のロンドンの拠点であり、郵便物の宛て先住所もそこだった。また、ここはスコットランド人有識者らが好んで集うところでもあり、スミスは『国富論』の各章を彼らに読ませては、批評やコメントをもらったという。ロンドンのコーヒーハウスはまさしく、近代世界を形成した科学および金融革命のるつぼだったのである。

カフェから起きたフランス革命

金融革命がイギリスで進行するかたわら、フランスではまた別の革命が起きようとしていた。一八世紀、フランスでは思想家たちのもとで啓蒙思想が最盛期を迎えていた。新科学的合理主義を社会、政界に広めた哲学者で風刺作家のフランソワ・マリ・アルエ・ヴォルテールも、そうした思想家のひとりだった。ヴォルテールは一七二六年、貴族を風刺したとしてパリのバスティーユ牢獄に投獄され、イギリスに行くという条件つきで釈放された。イギリスに渡ったヴォルテールは、アイザック・ニュートンの科学的合理主義と哲学者ジョン・ロックの支持する経験論に夢中になる。ニュートンが物理学を基本原則から作り直したように、ロックは政治哲学を基礎から作り替えた人物である。人間は生まれながらにして平等で、本質的に善人で、幸福を求める権利がある。したがって、だれも他者の人生、健康、自由、あるいは所有物に干渉してはならないというのが、ロックの信念だった。こうした急進的な思想に触発されたヴォルテールは、フランス帰国後に自らの見解を『哲学書簡』にまとめる。だが、ヴォルテールはイギリス政府の制度をやや理想化した描写で紹介し、それとの比較でフランスの政治制度を批判したため、同書はすぐに発禁の憂き目に遭った。

デニス・ディドロとジャン・ル・ロン・ダランベールが編集し、一七五一年に初版が出された『百科全書』も同様の運命をたどった。同書の寄稿者にはヴォルテールのほか、彼と同じくロックに多大な影響を受けたフランス思想界の主要人物ジャン・ジャック・ルソーやシャルル・ルイ・ド・スコンダ・モンテスキューなどもいた。こうした人々が寄稿者として名を連ねているのだから、『百科全書』が啓蒙思想を要約した決定版と見られるようになったのは当然だろう。同書は、科学的決定論にもとづく、合理的で世俗的な世界観を広め、キリスト教聖職者や法による権利の乱用を明確に非難したため、宗教界の権力者たちを激昂させ、彼らの圧力のために出版禁止となった。しかし、それでもディドロはひそかに編集を続け、一七七二年『百科全書』はついに完成し、全二八巻がそれぞれ秘密裏に購読者のもとに届けられた。

パリのコーヒーハウスもロンドンのそれと同じく知識人が集う場所で、啓蒙思想の中心だった。実際にディドロは事務所代わりに使っていたパリのコーヒーハウス、カフェ・ド・ラ・レジャンスで『百科全書』を編集しており、毎朝、一日のコーヒー代として九スーを妻からもらった、と回想録で述懐している。だが、フランスとイギリスの違いがとりわけはっきりと見えたのも、コーヒーハウスのなかだった。ロンドンでは、コーヒーハウスは自由な政治的討論の場であり、政党が本部代わりに利用するほど重宝されていた。イギリスの作家ジョナサン・スウィフトは「権力者との接触が、コーヒーハウスの政治よりも多くの真実または知識を与えてくれるとは思えない」と書いている。コーヒーハウスのマイルズは、一六五九年に発足した「私設国会《アマチュア・パーラメント》」として知られる討論会が定期的に開かれる場所だった。ピープスは、この集団の討論は「わたしがこれまでに耳にした、いやこれから耳にするであろうもののなかで最も独創性と機知に富んでおり、参加者は大変熱心に意見を交わしていた。これに比べると、国会での議論など退屈きわまりない」と記している。彼らは討論後、「木製の神託所」つまり投票箱――当時は斬新だった――を使い、採決をするのが常だったという。ロンドンを訪れたフランス人アベ・ブレヴォが、ロンドンのコーヒーハウスは「政府に対する賛成反対の違いにかかわらず、客はあらゆる種類の文書を読むことができる」場所で、「イギリスの自由の中心地である」と評したのもうなずける。

パリの状況は、これとはまるで違っていた。たしかにロンドンと同じく、コーヒーハウスは街にあふれ――一七五〇年までに六〇〇軒あった――それぞれが特有の話題あるいは業種と深い関わりを持っていた。詩人と哲学者はカフェ・パルナスとカフェ・プロコープに集い、常連客にはルソー、ディドロ、ダランベール、そしてアメリカ人科学者で政治家のベンジャミン・フランクリンなどがいた。ヴォルテールにはプロコープにお気に入りの席があり、一日にコーヒーを何十杯も飲むと評判だった。役者はカフェ・アングレに、音楽家はカフェ・アレクサンドルに、陸軍将校はカフェ・デ・ザルムに集まり、カフェ・デ・ザヴーグルは売春宿も兼ねていた。貴族が通うサロンと違い、フランスのコーヒーハウスは女性を含む万人に開かれていた。一八世紀に書かれた文章によると、「コーヒーハウスには、男女を問わず、さまざまな人々が訪れる。粋な男性、コケティッシュな女性、聖職者、田舎者、ジャーナリスト、訴訟当事者、酒飲み、賭博師、居候、色事師ないし山師、若い文士などなど——要するに、ありとあらゆる種類の人間を見ることができる」。フランスのコーヒーハウスを覗けば、啓蒙思想家たちが目指した平等主義の社会が、少なくとも表面的には誕生したように見えたのかもしれない。

ところが、フランスのコーヒーハウスでは、口頭・書面の違いにかかわらず、流通する情報はすべて政府の厳しい目にさらされていた。出版の自由に対する厳しい抑制と検閲という官僚制度のせいで、フランスのニュースの供給源は、イギリスあるいはオランダのそれと比べてはるかに少なかったのである。そのため、パリのうわさ話を伝える手書きのニュースレターが登場し、これを数十人の写字生に書き写させては、パリ内外の購読者に送られた（これは印刷物ではなかったので、政府の規制を免れた）。また、出版の自由がないことは、紙片に書かれた詩と歌が、コーヒーハウスのうわさ話と並んで、多くのパリの男性にとって大切な情報源であることを意味した。それでもなお、コーヒーハウスの客たちはつねに言葉に気をつけなければならなかった。コーヒーハウスには、政府のスパイが数多く潜んでいたからである。国家の悪口を言う者はだれであろうとも、バスティーユ牢獄に入れられる恐れがあった。バスティーユの記録保管所には、警察への情報提供者たちが書き留めた、コーヒーハウスでのたわいない会話の記録が数百も残っている。一七二〇年代のある報告書には「カフェ・ド・フォアで、だれかが言った。王には愛人がいる、ゴントーという名の美しい女性で、ノアイユ公爵の姪である」と書かれている。また、一七四九年の報告書には「ジャ

18世紀後半のパリのコーヒーハウス。

ン・ルイ・ル・クレールはカフェ・ド・プロコープにおいて、以下の発言をしている――かつて、これほどひどい王はいなかった、王宮と聖職者たちは王に恥ずべきことをさせている、国民はこれにうんざりしている」とある。

フランスでは、啓蒙運動という知性の進歩が起きていたにもかかわらず、社会・政治面での進歩は旧体制の圧力のせいで妨げられており、その矛盾をコーヒーハウスは浮き彫りにしていた。人口のわずか二パーセントにあたる富裕な貴族と聖職者たちは納税義務を免除されたため、残りの者たちが税金を負担しなければならなかった。残りの者とはつまり、地方の貧しい人々と中産階級に属する人々である。彼らは当然、少数の貴族が権力と特権を掌握して放そうとしないことに強い憤りを感じていた。社会のあるべき姿を唱える急進的な思想と現実との格差は、コーヒーハウスにおいて最も明白になっていたので

1789年7月12日、カミーユ・デムーランがカフェ・ド・フォアの外で演説を行い、フランス革命が始まった。

ある。フランスが独立戦争時のアメリカへの支援を主な原因とする財政危機の高まりに必死で対処しようとするなか、コーヒーハウスは革命的動乱醸成の中心となった。一七八九年七月のパリのある目撃証人によると、コーヒーハウスは「店内が混雑しているだけではない。扉や窓の外にも大勢の興奮した人々が群がっている。彼らは、椅子やテーブルの上に立って少人数の聴衆に向けて熱弁をふるう演説者たちの話に聞き入り、時折、叫び声を上げる。演説者たちの話に熱心に耳を立てる様子、そして政府に公然と反対する、度胸あふれるその荒々しい発言の一つひとつに対して沸き起こる嵐のような拍手。その光景は想像を絶するものである」

　世情が不安定になり、名士会（聖職者、貴族、官吏からなる国王の諮問機関）が財政危機の解決に失敗すると、国王ルイ一六世の命により、三部会――フランス議会――が一五〇年ぶりに召集される。しかし、ベルサイユで開かれたこの会議は紛糾して大混乱となり、王は財務長官ジャック・ネッケルを罷免して、軍隊を召集した。そしてついに、一七八九年七月一二日の午後、カフェ・ド・フォアにおいて、カミーユ・デムーランという名の若い弁護士の発言がフランス革命の始まりを告げる。パレ・ロワイヤルの近くの公園にはすでにたくさんの人々が集まっており、ネッケル罷免の知らせが広まるにつれて、人々の緊張はさらに高まった。ネッケルは政府のなかで唯一信頼できる人物と考えられていたからである。革命論者たちは、軍隊がもうじきやってきて、我々を片端から殺すに違いないと言って、人々の恐怖をあおり立てた。デムーランはカフェ・ド・フォアの外のテーブルに飛び乗ると、拳銃を振りかざして「武器を取れ！ 民衆よ、さあ武器を取れ！」と叫んだ。彼のこの叫びが一つのきっかけとなり、パリはあっという間に混沌状態に陥り、二日後、怒れる暴徒はバスティーユ牢獄を襲撃した。フランスの歴史家ジュール・ミシュレはのちに、「カフェ・ド・プロコープに続々と集まった人々は、その鋭い眼差しで、黒い飲み物の奥に革命の年の輝きを見たのだ」と書いている。フランス革命は、まさにカフェから起きたのである。

理性の飲み物

今日、コーヒーやそのほかのカフェイン飲料を飲む習慣は、広く普及しているため、コーヒー導入時の衝撃と最初期のコーヒーハウス人気を想像することは難しい。現代のカフェの重要性は、きらびやかだった先祖のそれの足元にもおよばない。しかし、昔から変わっていないものもある。コーヒーは今でも、人々がアイデアや情報を論じ、発展させ、交換するときに飲まれている。近所でのおしゃべりから学会、ビジネス・ミーティングまで、コーヒーはアルコール飲料のように自制心を失わせる心配のない、交流と協力を促す飲み物であり続けている。

コーヒーハウス元来の文化が一番わかりやすい形で残っているのは、インターネット・カフェやワイアレスでインターネットが楽しめるカフェなどの、カフェインが情報交換の促進役となっている場所と、携帯パソコンを持ち運んで仕事をするモバイルワーカーたちがオフィスや会議室代わりに利用するコーヒー・チェーン店だ。現代のコーヒー文化の中心で、スターバックス・コーヒーの本拠地シアトル市が、世界最大のソフトウェアおよびインターネット会社数社の拠点だと聞かされても、驚きはしないだろう。革新と理性とネットワーク――さらに革命を求める情熱も少し――とコーヒーとの関係には、長い歴史があるのだ。

第5部

茶と大英帝国

第9章 ● 茶の帝国

茶を一日飲めないのは、飯を三日食べられないよりつらい。
——中国のことわざ

茶のありがたきことよ！　もしも茶がなかったら、世界はいったいどうなるのだろう？　滅亡するのではなかろうか？

——シドニー・スミス（イギリス人作家、一七七一〜一八四五年）

世界を征服した飲み物

遠く世界のはてまで領土を広げたイギリスは、植民地行政官ジョージ・マカートニーが一七七三年に発した有名な言葉どおり、まさしく「日の没することのない帝国」だった。最盛期、イギリスの領土は地表の五分の一、人口は世界の四分の一を占めた。アメリカ合衆国の独立によって北米の植民地は失ったが、一八世紀半ば以降、イギリスはその影響力の範囲を劇的に拡大する。インドおよびカナダの支配を確立し、オーストラリアとニュージーランドに新たな植民地を築き、オランダに代わって、ヨーロッパと東方との海洋交易を牛耳ったのである。初の地球規模の超大国としてのイギリスの台頭は、新たな生産方式の先駆的導入抜きには語れない。大規模な工場に労働者を集め、蒸気で稼働する、疲れ知らずの労力節約の機械の導入により、人間の技術と作業効率が向上する――さまざまな革新の集合体、いわゆる産業革命である。

帝国主義の拡大と産業の拡大、その両者をつないだのが、茶という新しい飲み物だった（少なくとも、ヨーロッパ人には新しかった）。茶はイギリス人と深い関わりを持つようになり、現在もその関係は続いている。ヨーロッパ人が東方交易を拡大した理由は茶だった。東方との交易による利益は、イギリス東インド会社――商業組織だが、事実上、イギリスの東方における植民地政府だった――がインドに進出するための資金源の一つだった。最初、茶は贅沢品だったが、徐々に労働者の飲み物として浸透し、新たに誕生した工場制機械工業の担い手のエネルギー源になる。つまり、〝日没のない〟大英帝国では、少なくとも地球上のどこかでつねにお茶の時間が持たれていた、ということである。

午後のお茶会《アフタヌーン・ティー》という上品な儀式、そして労働者の仕事の合間のお茶の時間《ティー・ブレイク》など、茶は文化的な工業大国というイギリスの自己イメージと完璧に符合した。ところが面白いことに、このきわめてイギリス的な飲み物は当初、多大な費用と労力をかけて、中国という世界の反対側に君臨する謎の巨大国家から輸入しなければならなかったのである。また、茶の栽培および加工法もヨーロッパ人にはまったくの謎だった。彼らにしてみれば、茶葉の詰まった箱は、広東の港にこつぜんと姿を現わすようなものだった。茶はそれこそ、火星からやってくるのと同じだったのである。にもかかわらず、茶はどういうわけか、イギリス文化の中心的存在にまで上り詰める。中国という広大な帝国をすでに潤していたこの飲み物はその領土をさらに拡大し、イギリスを征服後、世界各地へと勢力を伸ばし、ついには水に続いて地球上で最も広く消費される飲み物にまでなる。茶の物語は帝国主義、工業化、そして世界征服の物語なのである。

茶文化の起源

中国の神話によれば、最初に茶をたてたのは、紀元前二七三七～二六九七年に君臨したと言われる皇帝・神農とされている。中国の伝説上の第二代皇帝で、農業と鋤《すき》を人々に教え、薬草を発見したことで知られる人物だ（初代皇帝は火と調理と音楽を見つけたと言われている）。伝説では、神農が飲み水を沸かしているときに、自生の茶の枝を火にくべていると、突風が吹いて茶の葉が何枚かなべのなかに落ち、偶然に繊細かつすっきりとした味わいの飲み物ができたのだという。神農はのちに薬学書『神農本草経』を著し、さまざまな薬草の効能をまとめ、茶の葉を煎じたものは「喉の渇きを癒し、睡眠欲を抑え、心臓を喜ばせ、元気づける」と書いたとされている。だが実際には、茶は古代中国の飲み物ではない。神農の物語はそれからかなり後世に作り上げられたものだ。『神農本草経』の最も古い版――後漢朝（紀元前二五～二二〇年）の頃――には、茶に触れた箇所はない。

茶の記述は七世紀に加えられたのである。

茶はカメリアシネンシスという椿科の常緑樹の葉、芽、花を乾燥させ、これを煎じて作る飲み物で、現在のインドと中国の国境上にあたるヒマラヤ東部の山林地帯が原産地とされている。先史時代から、茶の葉をかむと元気になるうえ、葉をもんで傷口にあてると治癒効果のあることが知られており、いずれも数千年前から行われていた習慣だった。茶はまた、中国南西部では、刻んだ茶葉を玉ねぎや生姜、そのほかの材料と合わせた薬がゆの形で食されていた。現在のタイ北部に暮らした部族民は、蒸した、あるいはゆでた茶葉を団子状にし、塩、油、にんにく、油脂、干し魚と一緒に食べた。このように茶は、飲み物になる以前は薬や食材だったのである。

茶がいつ、どのようにして中国で普及したのかは不明だが、どうやら仏教僧――紀元前六世紀にゴーダマ・シッダールタ、つまり仏陀がインドで開いた宗教の信奉者たち――の働きによるものだったようだ。仏教僧も道教僧も、茶は集中力を高め、疲れを吹き飛ばしてくれる――茶に含まれるカフェインの効能である――ため、この飲用が瞑想に大変有益だと気づいていた。また六世紀、道教の始祖である老子は、茶は不老不死の薬に欠かせない材料であると信じていた。

中国の文献に明確な形で茶が登場するのは、その発見者と言われる神農の時代からおよそ二六〇〇年後の紀元前一世紀以降のことである。もともと秘密めいた医薬および宗教的飲料だった茶は、この頃から、中国で一般に口にされる飲み物になったようだ。当時の書『従者の作法』には、茶の正しい買い方と出し方が記されている。茶は四世紀までにはかなり一般化し、自生の木の葉を摘むだけでは足りず、栽培を始める必要性が生じた。こうして茶は中国全土に普及し、中国史における黄金の時代と言われる唐朝期（六一八～九〇七年）には、国民的な飲み物となったのである。

この時代の中国は、世界最大の領土を誇る、最も裕福で、最も人口の多い一大帝国だった。六三〇年から七五五年のあいだに三倍に増えた総人口は五〇〇〇万人を越え、首都長安（現在の西安）はおよそ二〇〇万人が暮らす世界最大の都市だった。中国が外からの影響にオープンな態度をとっていたこの時代、長安にはまるで磁石に吸い寄せられるようにして、さまざまな文化が集まった。シルクロードの通商路を伝い、あるいは海を渡って、インド、日本、朝鮮と盛んに交易が行なわれた。トルコとペルシアからは衣類、髪型、ポロに似たスポーツが、インドからは新しい食材が、中央アジアからはさまざまな楽器と舞踊、そして山羊の皮袋に入ったワインが輸入された。代わりに、中国は絹、茶、紙、陶磁器を輸出した。この多様かつ活動的で国際的な雰囲気のなか、彫刻、絵画、詩の文化が大きく花開いた。

茶を飲む習慣が大々的に広まったことも、この時代の繁栄と人口の急激な増加をあと押しした。茶には強力な殺菌成分が含まれていたため、たとえ湯の沸かし方が不十分だったとしても、それまで好まれていた米やアワのビールよりも安全な飲み物だったのである。最近の研究によって、茶に含まれるフェノール成分（タンニン酸）には、コレラ菌、腸チフス菌、赤痢菌の殺菌効果があることがわかっている。茶は乾燥した茶葉から短時間で簡単に入れることができるうえ、ビールのように腐ることがなかった。実際、茶を入れるのは、手軽で効果的な水の浄化法であり、その普及が水に媒介される疾病の蔓延を劇的に減少し、幼児の致死率を下げ、寿命を延ばすことにつながったのである。

中国での茶の生産の様子。茶葉の加工は複雑な手順を要するもので、すべて手作業で行われた。

茶にはまた、もっと明白な形の経済的効果もあった。七世紀、中国の茶交易の規模と量が大きくなるにつれて、福建省の茶商人たちが扱う金額も増した。そこで、商人たちは紙幣を考案し、これを初めて使用した。さらには茶自体も塊の形で通貨として使い始める。軽量かつコンパクトで富を蓄えておけるうえ、必要なときには飲むこともできるなど、茶は通貨として理想的だった。しかも、紙幣には首都から離れるにしたがって価値が下がるという難点があったが、茶は逆に、地方に行くほど価値が上がったため、重宝されたのである。茶の塊、つまり磚茶《たんちゃ》は近代まで中央アジアの一部の地域で通貨代わりとして用いられていた。

唐朝期における茶の人気ぶりは、七八〇年、茶を初めて課税対象にしたという事実と、道教徒で高名な詩人でもある陸羽が同年に著した『茶経』の成功に顕著である。茶商人たちに請われて著したこの書には、茶の栽培法、入れ方、出し方が詳細に記されている。陸羽はほかにも茶に関する書を数多く残しており、そうした著作には、まさに茶のすべてが網羅されていると言っていいだろう。陸羽は種類ごとの茶葉の長所、茶を入れるために最適な水の種類（流れのゆっくりとした、山間の川の水が理想的で、井戸水は最後の選択肢だという）、さらには湯を沸かす手順まで段階ごとに説明している。「まず、沸騰している湯の外見は魚の目のようでなければならず、音でそれとわかる。容器の縁あたりで、泉のようなゴボゴボという音がし、無数の真珠が連なるようにして泡が立つのが第二段階である。波頭が砕け散るごとくに水が飛びはね、波がうねるような音が聞こえたときが、最高潮である。それを越えてしまった湯は沸騰しすぎであり、茶を入れるのに使うべきでない」。陸羽の舌はつねに敏感で、味だけでどこの水か、さらには川のどの辺から汲んできたかまで特定できたという。陸羽こそ、茶をたんに喉の渇きを癒すための飲み物から、文化と洗練の象徴に変えた人物だった。その後、中国では茶の味がわかり、これを愛でること、とりわけ茶葉の種類の違いを見分けられることが高く評価されるようになった。茶を入れるのは一家の主が行うべき名誉あることとされ、茶を上手に優雅な作法で入れられないのは恥と考えられた。王朝では茶を中心とする会や宴が人気となり、皇帝は特定の泉から取ってこさせた水で入れた特別な茶を飲んだ。これがのちに特別な茶を〝年貢〟として皇帝に納める伝統につながっていく。

茶の人気は宋朝期（九六〇～一二七九年）も続いたが、一三世紀、中国がモンゴル人の支配下に入ると、権力者の寵愛を失う。モンゴル人はもともと、馬、らくだ、羊といった家畜とともに、大草原を移動して暮らす遊牧民だった。チンギス・ハンとその息子たちのもと、モンゴルは地続きとしては史上最大の帝国を築く。ユーラシア大陸の大半を網羅したその領土は、西はハンガリーから東は朝鮮、南はベトナムまで広がっていた。乗馬の名手たちからなる国にふさわしく、モンゴルの伝統的な飲み物は、雌馬の乳を皮袋に入れて攪拌《かくはん》し、それを発酵させて作るクミズという馬乳酒――乳糖がアルコールに変化した――だった。だからこそ、ベネチアの旅行家マルコ・ポーロはこの時期、中国の宮廷で長年をすごしながらも、茶については、皇帝への献上品として伝統的に用いられているということ以外触れていないのだろう（一方、クミズについては「白ワインのような、非常にうまい飲み物」と書いている）。中国の新たな支配者たちは、この土地の飲み物である茶にまったく興味を示さず、自分たちの文化的伝統を維持したのである。蒙古帝国の東部を治めたフビライ・ハンは、草原から取ってきた草木を自分の宮廷の庭で栽培させ、白い雌馬の乳で作った特別なクミズを飲んだという。

蒙古帝国の広大な規模と多様性を誇示するため、フビライと兄弟のマング・ハンは帝国の首都カラコルムに銀の噴水式水飲み器を設置した。四つの噴水口からはそれぞれ、中国の米のビール、ペルシアのブドウ酒、北ユーラシアのはちみつ酒、モンゴルのクミズが出た。茶は見向きもされなかった。しかし、この水飲み器に象徴されるように、無秩序に拡大した蒙古帝国は存続不能となり、一四世紀に崩壊する。このモンゴル人の排斥と明朝の確立（一三六八～一六四四年）をうけて、中国文化再評価の機運が生じ、その流れのなかで茶人気が再燃、茶を入れ、これを飲む作法はますます複雑化していく。陸羽が唱えた細部へのこだわりが復活し、より入念かつ詳細な手順がよしとされるようになった。宗教的な飲み物という原点に回帰した茶は、肉体だけでなく、精神をも癒すものとして見られるようになったのである。

ただし、茶道が極みにまで至った地は日本だった。茶は六世紀頃からすでに日本で飲まれていたが、茶の栽培と茶摘み、茶の入れ方や飲み方に関する最新の知識が中国から入ってきたのは一一九一年のことである。伝えたのは禅僧の栄西で、彼は茶の健康効果を讃える書も著している。源実朝は、栄西が自分で育てた茶によって病を癒され、それ以降、茶を大変好むようになった、と言われている。そして、茶の人気は将軍家から日本全国へと広がったのである。茶は一四世紀頃にはすでに、日本社会の全階層に浸透していた。日本の気候は茶の栽培によく適しており、かなり貧しい家でさえ、茶の木を何本か育て、必要なときに葉を一、二枚摘んでは、茶を入れることができるほどだったという。

日本の茶会は神秘的と言ってもいいほど実に複雑精妙な儀式で、全行程に一時間以上かけることもある。茶葉を挽き、湯を沸かし、挽いた粉に湯を加えてかき混ぜるという手順を述べるだけでは、いかにも説明不足である。道具の形状、種類、使用する順番にも、それぞれ大きな意味があるからだ。水は必ず専用のかめから、繊細な作りの竹製のひしゃくで土瓶に移し替えねばならない。茶粉の量は専用のさじで計る。水を加えた粉をかき混ぜる専用の道具、かめとさじを拭くための四角い絹の布、土瓶の蓋《ふた》を置く専用の台がなければならない、という具合だ。こうした道具はすべて茶会の主人が所定の順序どおりに出し、所定の場所の上に置く。薪も主人が拾ってくるのが望ましく、茶会は必ず、適切な配置がなされた庭に建つ茶室で行われた。

「茶器と食器の趣味が悪く、茶庭の木と石の自然な配置がうまくないのなら、即刻家に帰るほうがいい」。最も偉大な茶の大家として知られる一六世紀の茶人、千利休の言葉である。利休は信じられないほど形式を重んじたが、茶会中は世事についての会話はしてはならないなど、その決まり事のなかには、ヨーロッパの晩餐会の不文律とさほど変わらないものもある。日本の茶会は日本人が南アジアの飲み物を取り入れ、そこにさまざまな文化・宗教的な影響を吹き込み、何百年もの歳月をかけて洗練させた結果であり、まさに茶文化の極みといえる。

茶、ヨーロッパに伝わる

一六世紀の初期、ヨーロッパ人が初めて船で中国を訪れたとき、中国人は自分たちの国が世界一偉大だと信じていたが、それはもっともな考えだった。中国は世界最大の領土と最多の人口を誇り、ヨーロッパのどの国よりもはるかに長い文明の歴史を持っていたからだ。中華帝国は宇宙の中心に位置している、と彼らは考えていた。文化的、知的功績に関して中国に太刀打ちできる国はなく、よそ者は野蛮人、ないしは「外国の悪魔」だと一蹴された。外国人が自分たちをまねたいと願うのは当然だろうが、こちらとしては害悪な影響を受けないよう、そうした者たちを遠ざけておくのが一番である、というのが中国側の考えだった。当時のヨーロッパの技術で、中国人が知らないものはなかった。中国はほぼすべての分野でヨーロッパの先を行っていたのである。羅針盤、火薬、印刷された本など、ヨーロッパの船に装備されていたのは、いずれも中国の発明だった。東方にあるという伝説の黄金を探して、マレー半島の交易地マラッカから船で中国に渡ったポルトガルの探検家たちを、中国側は見下した態度で迎えた。中国は完全に自立しており、足りないものなどなにもなかったのである。

ポルトガルは、交易権と引き替えに皇帝に貢ぎ物を納めるという条件を受け入れ、数年間、中国と散発的に経済交流を続けた。中国人はヨーロッパ製品に興味を持たなかったが、絹や磁器を売り、金や銀を手に入れることには積極的だった。一五五七年、中国はポルトガルに対して、広東の河口にあるマカオの小さな半島に交易地を作ることを認め、荷はすべてここから出荷することとした。これによって、中国は税金を賦課し、さらに外国人との接触を最小限に抑えることが可能になった――つまり、他のヨーロッパ諸国はすべて、中国との直接取引から締め出された、というわけである。一六世紀末、東インド諸島に上陸したオランダ人は、中国の品を購入するのに、その地域の他国にいる仲介人を通さなければならなかったという。

ヨーロッパ人の東インド諸島に関する報告書に茶の記述が現われるのは、一五五〇年代になってからのことである。ただし、最初期の交易業者に、茶をヨーロッパまで出荷するという考えはなかった。ポルトガルの船乗りがほんの少しだけ個人的にリスボンに持ち込んだことはあったかもしれないが、商用としては、一六一〇年のオランダ船の少量の積み荷が最初だった。茶はヨーロッパでは目新しい商品で、その後、オランダから一六三〇年代にフランス、一六五〇年代にはイギリスに伝わる。最初に輸入されたのは、中国人が好む緑茶だった。紅茶――摘んだばかりの緑の茶葉を一晩寝かせて酸化させて作る――の登場は明朝になってからで、その起源はよくわかっていない。その後中国人のなかに、外国人には紅茶を飲ませておけばよいという考えが生まれ、紅茶の輸出が始まるのだが、それがついにはヨーロッパへの最大の輸出品になる。もっとも、茶の出所はヨーロッパ人には見当もつかず、緑茶と紅茶はまったく別の品種の木から採れるのだろう、と誤解されていた。

茶はコーヒーよりも数年早くヨーロッパに伝わったが、一七世紀のあいだ、その影響力はコーヒーのそれと比べてはるかに小さかった。理由は主に、茶が大変高額だったことにある。茶は当初、オランダで高価な医薬用飲料として飲まれたが、その健康的効能については、一六三〇年代以来、さまざまな議論がなされていた。最初期の茶の反対派（彼らはコーヒーとココアという新種の温かい飲み物についても反対した）のひとりにサイモン・ポーリという、デンマーク王に仕えるドイツ人医師がいた。ポーリは一六三五年に論文を発表し、茶には多少の医学的効能が認められるが、弊害のほうがはるかに大きいと主張している。その説によれば、中国から輸送することで、茶に毒性が生じ、ゆえに「とりわけ四〇歳以上の者がこれを飲んだ場合、死期が早まる」ということだった。「人々のあいだに伝染病のように蔓延している、中国からヨーロッパへの茶の輸入に対する狂気を根絶するため、わたしは最大限の努力をした」とポーリは誇らしげに述べている。

これと反対の姿勢を取ったのが、オランダ人医師ニコラス・ディルクスである。ディルクスは茶が万能薬だと唱え、一六四一年に「この植物に比すべきものはない。ゆえに、これを用いる者はあらゆる病を免れ、かなりの高齢まで生きられる」と断言している。さらに強力に茶を擁護したのが、同じくオランダ人医師コルネリウス・ボンテクーで、自著のなかで毎日茶を数杯飲むことを勧めている。「全国民に、そして世界中の人々に茶を推奨する！　男性も女性も、これを毎日、できれば毎時間飲むことを勧める。一日一〇杯から始めて、その後服用量を、胃が許す限り、できるだけ増やすといいだろう」。ボンテクーによると、病人ならば一日五〇杯は飲んだほうがよく、上限は二〇〇杯ということだった。彼は茶の売り上げ向上に貢献したとして、オランダ東インド会社から栄誉を授けられているが、あるいは会社側から茶を勧める本を書いてほしいと頼まれたのかもしれない。この頃には、茶に砂糖を加える習慣が普及し始めていたのだが、ボンテクーはこれを非難している（当時の医学界では、砂糖は健康に有害とする見方もあった）。

茶に牛乳を加えたのもヨーロッパ人だった。早くも一六六〇年には、イギリスの茶の宣伝文句として推測される数多くの医学的効能とともに、「（牛乳と水で入れた）茶は体内の器官を丈夫にし、消耗を防ぎ、腸の痛み、内臓の不快感ないしは下痢を強力に緩和する」と、その効果がうたわれている。フランスでも、一六五〇年から一七〇〇年までの短期間、貴族たちのあいだで茶がもてはやされ、風味を増し、温度を下げる目的で牛乳を入れて飲むようになった。牛乳で茶を冷ますのは、飲む者をやけどから守るだけでなく、茶を入れる磁器を保護するという意味もあった。ところが、フランスでの茶の人気はまもなく、コーヒーとココアのそれに追い越されてしまう。最終的にヨーロッパで最も茶を愛する国になったのは、フランスでもオランダでもなく、イギリスだった。そしてその結果、重大な歴史的出来事が起きることになる。

紅茶への愛と権力

一八世紀の初め、イギリスで茶を飲む者はだれもいなかったが、同世紀の終わりには、それこそだれもが茶を飲んでいた。誇張ではない、一六九九年におよそ六トンだった公式の輸入量は、一世紀後には一万一〇〇〇トンに増え、一八世紀末の茶一ポンド（約四五〇グラム）の値段は、同世紀初めのそれと比べて一二分の一に下がっていた。さらに言うと、この数字に密輸量は含まれていない。一七八四年に茶の課税率が一気に引き下げられるまで、一八世紀を通じて、おそらくは正式な輸入量とほぼ同量の茶が密輸されていたに違いない。また、茶に混ぜ物をする習慣が普及したことも、消費が増えた理由の一つだった。当時は、茶葉に灰、ヤナギの葉、木くず、花などを加えて全体のかさを増すのが普通で、もっと怪しげな物——ある記録によれば、羊の糞さえ入れたという——を足すこともあり、しばしば化学染料で着色してごまかした。このように、葉からカップに至るまでのほぼ全段階で混ぜ物がなされたので、消費量のほうが輸入量よりはるかに多いという事態が生じたのである。そのうちに、紅茶の人気が緑茶のそれを上回る。その理由は、紅茶のほうが長い航海中に傷みにくかったことと、混ぜ物による副作用にも関係があった。緑茶もどきを作るのに使われた化学物質の多くは毒性で、紅茶のほうが、たとえ混ぜ物をしたとしても、安全だったからだ。こうして、緑茶ほど口当たりがよくなく、苦みの強い紅茶が人気になるにつれて、飲みやすくするために砂糖と牛乳を加える習慣が普及したのである。

密輸と混ぜ物が実際にどの程度なされていたのか正確なところは不明だが、一八世紀末までに、生活水準にかかわらず、イギリスの全国民が毎日一、二杯の紅茶を飲むのに余りあるだけの茶葉が入っていたことは間違いない。一七五七年には、次のような記録も残されている。「リッチモンド近くにある通りがある。そこでは、夏になると紅茶を飲む乞食たちの姿を見ることができる。道路工事中の労働者たちが紅茶を飲む姿も見受けられる。灰を運ぶ荷車のなかでも飲まれている。干し草

チャールズ二世王妃のキャサリン・オブ・ブラガンサが、イギリス王室に茶を持ち込んだ。

作りの人々さえこれをカップで買って飲んでいるのだから、笑ってしまう」。ところで、なぜイギリスでこれほど紅茶人気が急騰したのだろうか？　その答えは、相互に連動し合ういくつかの要素からなる。

紅茶の普及は、一六六二年のチャールズ二世とポルトガル王ジョン四世の娘、キャサリン・オブ・ブラガンサの結婚後、しゃれた飲み物として王室で流行したのが始まりである。結婚に際し、キャサリンは持参金として、ポルトガルの交易地のタンジールとボンベイ、ポルトガルの海外植民地との交易権、金など、莫大な財産を持ってきたが、そのなかに茶箱もあった。キャサリンはかなりの茶好きとして知られた女性で、彼女が茶を飲む習慣をイギリス王室に持ち込んだのである。その後、小さなカップ——「指ぬきよりも大きくてはならない」という文章も残っている——で茶をするという習慣は、貴族たちのあいだでたちまちのうちに大流行する。王とキャサリンの結婚の翌年、詩人のエドモンド・ウォーラーは王妃の誕生日に「オン・ティー」と題した詩をプレゼントし、そのなかで、彼女からイギリスへの二つの贈り物——茶と、より楽になった東インド諸島へのアクセス——をとりわけ称賛している。

最高の王女、そして最高の香草
それは、日いずる、美しい地に至る路を教えてくれた
かの勇敢なる国のおかげ
その地で取れる豊かな生産物を、我らは正しく賞《め》でる
女神ミューズの友である茶は、我らを癒す極上の品
頭に立ちこめるもやを鎮め
魂の宮殿の平静を保つ
王女の誕生日を祝うにふさわしい飲み物

こうして、ひとりの茶好きの王女がきっかけを作った茶の人気は、その後、東インド諸島からイギリスへの独占輸入権を認められていたイギリス東インド会社によって爆発的に拡大する。この会社は当初、中国と直接接触する手だてを持たなかったのだが、記録によれば、一六六〇年代にオランダから少量の「良質の茶」を取り寄せ、イギリス王チャールズに贈り物として献上し始めたという。「東インド会社はつねに王のことを気にかけている」と思わせるためである。茶をはじめとする献上品をいたく気に入った王は、領地獲得、通貨の発行、軍隊の維持、同盟の締結、宣戦布告および講和宣言、正義を施す権利など、東インド会社に強大な権力を与えていく。こうして、もともと普通の貿易会社として出発した組織が、次の世紀には東方におけるイギリスの支配力の化身へと姿を

変え、商業組織としては歴史上最も強大な権力を行使するまでに発展するのである。スコットランドの経済学者で作家のウィリアム・プレイフェアは、一七九九年に「東インド会社は、小さな商人の団体から東の権威者になった」と書いている。その大部分は、この会社が成長し、拡大し、利益を得るための糧となった茶交易のおかげだった。

茶は一六六〇年代半ばから、ロンドンの東インド会社の重役会議で出されていた。また、同社の船長やそのほかの高級船員はこの頃、私的に茶を輸入していた。各船には、彼らが「個人交易」をするためのスペースが認められていたのである。流通量が少なく、高価値だった茶は、個人交易に理想的な商品だった。茶一トンで数年分の賃金に相当する利益を得ることができ、船長に一〇トン分を輸入するスペースが認められることも珍しくなかった。茶の個人交易は当初、茶の需要を刺激するのに一役買ったと思われるが、一六八六年、会社はこれを禁じている。少量ではあったものの、増大の途上にあった茶の正式な交易品としての将来性が損なわれるのを恐れたためである。

茶がイギリス東インド会社によって東インド諸島のバンタム(現在のインドネシア、ジャワ島西部の町)から初めて輸入されたのは一六六九年のことで、それから徐々に規模が大きくなっていった。茶は当初、それほど重要な輸入品ではなかった。東インド会社が力を入れた輸入品は、まず胡椒、次にアジアの安い織物だった。だが、イギリスの織物製造業者の反対に遭い、彼らは茶にいっそう重点を置くようになる。茶に関しては、国内の生産業者の怒りを買う心配はなかった。生産業者自体、存在しなかったからだ。供給が不安定であったため、茶の小売価格は劇的に変動したが、一六六〇年に重さ一ポンドあたり六〜一〇ポンドから始まった最も高価な茶の値段は、一七七〇年までには四ポンド程度に下がっていた。質の劣る茶は一ポンドあたり一ポンドだった。しかし、当時の貧しい家庭の年収は二〇ポンド程度だったため、それでも一般に普及するにはまだまだ高すぎた。一七世紀末まで茶は贅沢品であり、もっと安く手に入るコーヒーの前では影が薄かった。茶一杯の値段は、コーヒー一杯のおよそ五倍もしたからである。

東インド会社が一八世紀初めに中国に交易地を築いて直接輸入をするようになり、輸入量が増え、価格が下がってようやく、茶は広く一般大衆の手に渡るようになった。一七一八年までに、茶は絹に代わる、中国からの主要輸入品となり、一七二一年までには、輸入量は年間五〇〇〇トンに達している。一七四四年、ある作家は「東インド諸島との交易の開始により、茶の価格が大幅に下がったため、最下層の労働者でさえ手が出せるようになった」と書いている。最盛期、茶は東インド会社の交易全体の六〇パーセントに相当し、茶の関税収入はイギリス政府の歳入の約一〇パーセントを占めた。その結果、茶交易を掌握していた東インド会社は強大な政治的影響力を手に入れ、自らの有利になるような法律を通過させることもできるようになった。たとえば、ほかのヨーロッパ諸国からの茶の輸入を禁じ、売り上げを伸ばして市場を拡大するために、茶の関税率を下げ、茶に混ぜ物をした者は高額の罰金刑に処させた。それでも茶の密輸はあとを絶たず、混ぜ物をした粗悪品も依然として出回っていたが、それは茶に対する需要が高いことの証でしかなかった。東インド諸島との交易をイギリスが完全に独占するのに、残る邪魔者はオランダだけだった。一七八四年、東インオランダの敗北によって一連の戦争が終わり、ライバルだったオランダ東インド会社が一七九五年に解散して、イギリス東インド会社はついに、世界の茶交易をほぼ手中に収めたのである。

茶はキャサリン・オブ・ブラガンサのおかげでおしゃれな飲み物になり、東インド会社のおかげで広く流通した。そしてさらに、私的公的の別を問わず、新しい飲み方が考案されたことで、茶は社会的な飲み物になった。一七一七年、ロンドンのコーヒーハウスの経営者だったトーマス・トワイニングは、隣に茶を専門に、とりわけ女性に向けて売る店を開く。コーヒーハウスを利用できるのは男性だけだったため、女性が直接そこに行って茶を買うことはできなかった。だからといって、使用人に他の日用品と一緒に茶を買わせるのもためらわれた。使用人に大金を預けることになるからである（茶が茶箱に大切にしまわれていたことからも、その高級品ぶりがうかがえる。茶箱は蓋に鍵のついた茶専用の箱で、一家の夫人以外は触れることができなかった）。だが、トワイニングの店でなら、女性もこの最新のおしゃれな飲み物を買い、その場で飲むことができたし、家で入れる用として、葉を買って帰ってもよかった。「デバルー・コートのトワイニングの店では、貴婦人たちが群れをなし、数シリングを払っては、小さなカップ入りの元気になる飲料をすすっている」という文章も残されている。また、トワイニングに自分の好みを伝えて茶葉をブレンドさせることもできた。

次第に、茶の知識があることと、自宅の優雅な雰囲気のなか、儀式のような作法で茶を飲むことが洗練さの象徴とみなされるようになる。そして、中国や日本の茶会と同じく、イギリス人も凝ったティー・パーティーを開き始めた。茶は磁器のカップに入れて出された。ちなみに、磁器のカップはもともと、中国から茶を輸送する船の脚荷（訳註——船の安定をよくするために船底に積むもの）として大量に輸入されていたものだった。茶の正しい入れ方、社会的階級の異なる客人に対する場合、

1750年頃のイギリスのティー・パーティー。上品な雰囲気のなかで優雅に茶を楽しむことが、洗練さの象徴になった。

どういう順番で茶を出したらいいのか、どんな食べ物を出すべきか、客人は主人になんと言って礼を述べたらいいのかなど、さまざまな作法が定められた。茶はただの飲み物ではなく、まったく新しい午後の食事となったのである。

茶の給仕に関するもう一つの革新は、ロンドンにおけるティー・ガーデンの登場だった。最初にオープンしたのは、一七三二年のボクスホール・ガーデンである。そこは外灯つきの散歩道と屋外舞台を備えた公園で、多種多様な芸人がパフォーマンスを披露し、食べ物や飲み物――主に、茶と一緒に食べるバターつきパン――を売る露店が立ち並んでいた。その後まもなく、ほかにもティー・ガーデンがいくつかオープンする。ティー・ガーデンは上品で優雅な公共の場として人気があり、男女の出会いの場としてもうってつけだった。ホワイト・コンジット・ハウスというティー・ガーデンでは、若い男性が若い女性のドレスのすそを「うっかり」踏み、お詫びのしるしに茶を一杯ごちそうするという手口がよく見られ、パルテノンというティー・ガーデンは、女性が先に行動を起こし、目をつけた若い男性に茶をごちそうさせるのだと、当時の『ジェントルメンズ・マガジン』は書いている。ティー・ガーデンは、コーヒーハウスから締め出されていた女性にとりわけ好まれた。ちなみに、この頃にはすでにコーヒーハウスの人気は下降線をたどっていた。とりわけ品位があるとされたコーヒーハウスは、会員制の男性専用クラブおよび営利団体へと姿を変え始め、一方、アルコール飲料を出していた品格に劣る店は、酒場と区別がつかなくなっていった。作家ダニエル・デフォーはこうした店は「エールハウスとなんら変わらない。コーヒーハウスという名をつければ、品がよくなると思っているにすぎない」と書いている。

貧しい者たちにとっても、茶はだんだんと手の届く贅沢品になり、ついには生活必需品になった。少量の茶葉に湯を多く加えて薄める、あるいは茶葉を何度も使うといったごまかしのおかげで、茶は少なくともなんらかの形で、万人が口にできる飲み物となった。一八世紀半ばからは、家の使用人の賃金に特別手当として茶が与えられるようになった。一七五五年にイギリスを訪れたあるイタリア人は、「普通の使用人でさえ、一日に二回茶を飲むに違いない」と書いている。茶は遠く地球の反対側から運ばれてきたにもかかわらず、ついに水の次に安い飲み物になったのである。「我々の商業体系および財政制度は大変整っているため、世界の東端からやってきた茶と、西インド諸島からやってきた砂糖で、ビールよりも安い飲み物ができる」と、一九世紀のあるスコットランド人が評している。しかも、冷えた食べ物であっても、茶と一緒に取れば、温かい食事をしているような気になれるという利点もあった。貧しい者たちが茶を飲むことを不快に思い、貧乏人は金持ちのまねなどせずに、もっと栄養のある食べ物に金を使え、と非難する者もいた。また、年収が五〇ポンドに満たない者は茶を飲んではならないという法律を作るべきだ、と言い出す議員も現われた。しかし、一八世紀のある作家が指摘しているように、「茶を奪われたら、パンと水だけの生活に落ちるだけだ。茶を飲むことは貧窮の原因ではなく結果なのだ」というのが現実だった。茶は女王の飲み物であると同時に、人々の毎日の生活の拠り所にもなっていたのである。

イギリス社会の頂上から底辺まで、だれもが茶を飲んでいた。流行、商業、社会的変化のすべてが絡み合った結果、茶はイギリス人に愛されるようになった。茶に対するその熱狂ぶりを、早くも一八世紀末前に外国人が指摘している。一七八四年、この国を訪れたあるフランス人は、「茶を飲む習慣はイギリス全土に広まっている。（中略）最も身分の低い農民も、金持ちとまったく同じように、一日二回茶を飲む。総消費量は莫大である」と指摘している。また、あるスウェーデン人は「茶はイギリス人にとって、水の次に欠かせない。あらゆる階層の人々がこれを飲む。早朝にロンドンの通りを歩けば、多くの場所で、屋外の小さなテーブルに石炭運搬車を操る者と人夫が座り、カップに入った美味な飲料を口にする姿が見られるだろう」と書いている。茶は世界で最も古い帝国から世界各地に広まり、最も新しい帝国の中心に根を降ろしたのである。イギリス人は自宅で茶を飲むたびに、大英帝国の強大な力と、その広大な領土を思い出した。茶は、イギリスが超大国に成長する過程と深く関わりながら社会に浸透し、商業国および帝国としてのさらなる発展の礎を築いたのである。

第10章 茶の力

この名高い植物の歩みは、真実の歩みと大変よく似ている。最初は、人々から疑いの目を向けられた。味見をする勇気のある者だけが、その美味を知っていた。その後、抵抗に遭いながらも徐々に社会に浸透し、悪口を叩かれながらも、人気を高めていった。そしてついに大勝利を収め、宮殿から小屋まで、全国民を喜ばせるに至ったのである。すべては、ゆっくりとした、抗うことのできない時の働きと、その植物自身の長所のおかげだった。

——アイザック・ディズレーリ（イギリス人批評家・歴史家、一七六六〜一八四八年）

機械は水蒸気を、人間は茶を

一七七一年、イギリスの発明家リチャード・アークライトが、ダービーシャーのクロムフォードで大きな建物の建設を始めた。一三人兄弟姉妹の末っ子として生まれたアークライトは、集めた人毛を独自の製法で作った染料で染めてかつらに仕立てるという商売を立ち上げ、企業家としての才能をまず発揮した。この成功により、さらに野心的な事業に着手するための資金を手にしたアークライトは、一七六七年、製織前に糸を紡ぐ機械「紡績機」の開発を始める。熟練工を必要とする手動のジェニー紡績機と違い、アークライトの機械は動力式で、だれにでも操作できるのが特徴だった。時計職人ジョン・ケイの助けを借りて――初期の設計の細かな部分は、ケイを参考にした――アークライトは馬を使った紡績機の試作機を作り、一七六八年には最初の紡績工場を完成させる。この工場を見て、ふたりの富裕なビジネスマンがいたく感銘を受ける。ふたりはアークライトに資金を提供し、大規模な工場をクロムフォードの川沿いに建てさせた。今度の紡績機の動力は水車だった。こうして誕生した近代的工場において、アークライトは新たな製造業の先駆者となった。この事業は大成功を収め、アークライトはイギリスを世界初の工業国にした革命における重要人物となったのである。

まずは織物業で起き、その後ほかの分野にも広がっていった産業革命を支えたのは、技術と組織の両面における革新だった。出発点は、熟練の技を持つ労働者に代わる、疲れ知らずで、正確な作業をする機械の導入だった。機械は水や蒸気といった新しい動力源を必要とした。これにより、巨大な工場を構え、水車ないしは蒸気エンジンという動力源の周りに大量の機械を設ける方法が効果的となる。幅広い仕事をこなせる技術工は、製造の一工程だけを専門とする労働者に取って代わられた。機械と労働者を一つ屋根の下に置くことはつまり、全行程を注意深く監視できるということだった。高額な機械を最大限活用するために、交替勤務制が導入された。アークライトは労働者たちが遅刻せずに出勤するように、工場の隣に従業員用の宿舎を建てた。これらすべてが、生産性の向上に驚くほど多大な貢献をしたのである。アークライトの工場では、一人の労働者が手動紡績機五〇台分の働きをする一方、粗梳き、梳毛《そもう》、製織といった他の工程は自動化されたため、生産効率は飛躍的に上昇した。一八世紀末までには、安価なイギリス産の織物が大量に出回ったため、イギリス商人はこれをインドに輸出し始め、インドの伝統的な織物業を壊滅させた。

一七世紀、机仕事の多い事務員やビジネスマン、知識人たちがコーヒーに惹かれたように、一八世紀に新たに誕生した工場労働者たちは、茶に夢中になった。茶はこの新しい労働のありかたに完璧に符合したうえ、さまざまな形で産業化をあと押しした。工場主たちは従業員を休ませるために、「お茶休憩《ティー・ブレイク》」を認めた。古くから農業労働者に与えられていたビールは、アルコールのせいで頭の回転をやや鈍らせるが、茶にはカフェインのおかげで、頭を冴えさせる働きがある。茶は長く退屈な労働時間中に労働者の眠気を防ぎ、高速で動く機械を扱う際の集中力を高めるのに役立った。手作業の織工や紡績工は必要な時に休めたが、工場の労働者が勝手に休むことは許されなかった。彼らはまるで、オイルの行き届いた機械の部品のように働かなければならなかった。つまり、茶は工場を円滑に運営し続けるための潤滑剤だったのである。

抗菌成分が含まれていることも、茶の長所の一つだった。たとえ十分に沸いていない湯で入れたとしても、茶は水を媒介する病気の蔓延を防ぐのに役立ったからである。イギリスでの赤痢の発症件数は、一七三〇年代から減少していった。一七九六年のある記録では、赤痢やその他、水を媒介とする病気が「大幅に減少したため、ロンドンでは、その病名すらほとんど知られていない」とされている。一九世紀初頭までに、医師と統計学者は、イギリス人の健康状態の向上の原因はおそらく茶の普及によるものだろう、ということで意見の一致をみている。おかげで、さらに多くの労働者をミッドランズ地域の工業都市に詰め込んでも、病気の発生を心配する必要がなくなった。幼児も恩恵を受けた。母親が茶を飲むだけで、母乳中に抗菌性のフェノール成分が移行するため、幼児の死亡率が減少した。こうして、産業革命が確立されるとほぼ同時に、大量の労働要員の供給が可能になったのである。

茶の普及により、商業界も活性化した。茶人気の高まりをうけて、陶器の需要が増え、陶器産業という新たな産業の隆盛につながるのである。上質の「ティー・セット」を持っていることは、貧富を問わず、社会的に大きな意味があった。以下は一八二八年に書かれた文章である。「織物機を扱う労働者たちは、小さな庭のある、こぎれいな住居に暮らしている。家族は皆、きちんとした格好をしている。男性は懐中時計を持ち、女性は思い思いに着飾っている。（中略）どの家にも家具がそろい、気品あるマホガニー製をはじめとする高級ケースに入れられた時計、見事なスタッフォードシャーのティー・セット、銀製、または銀メッキの角砂糖ばさみとスプーンなどを見ることができる」。スタッフォードシャーの陶工で最も有名だったのがジョサイア・ウェッジウッドだった。

ウェッジウッドのティー・セットは中国製の陶磁器に負けない優れた品質を誇り、高い人気を得る。その後、中国からの陶磁器の輸入量は徐々に減少し、一七九一年には完全に中止されている。

ウェッジウッドは大量生産方式導入の先駆者で、素材の研磨と押印機械の運転に蒸気エンジンを早くから取り入れた。彼の工場では、個々の職人がひとりで最初から最後まで製品を作ることはなかった。その代わりに、従業員たちは製造の一工程だけを任され、その専門家となったのである。製造工程は、ひとりの労働者から次の労働者へと休みなく続く流れ作業だった。分業化したことで、才能のあるデザイナーはデザインに専念し、陶工の仕事までしなくても済むようになった。ウェッジウッドはまた、製品のプロモーションに著名人の名前を利用する手段をいち早く取り入れたことでも知られている。ジョージ三世の妻、シャーロット王妃から「お茶の道具一式」の注文を受けた際、ウェッジウッドはそれと似た製品を「王妃セット」と名づけて一般に販売する許可を得ている。彼は新聞広告を打ち、招待客だけを対象としたティー・セットの特別展示会——ロシアの女帝エカチェリーナ二世のために作ったものなど——も開いている。同じ頃、茶のマーケティングもさらに進化しつつあった。リチャード・トワイニング（トーマスの息子）をはじめ、何人かの茶商人は当時からすでに有名だった。そこでリチャードは、一七八七年、自分の名前を特別にデザインさせた看板を店の扉に掲げ、自社の茶のパッケージにも同じデザインを使った。おそらく、これが世界で最も長く使われている商標だろう。茶のマーケティングと茶の道具が、消費者主義の最初の礎を築いたのである。

他の西洋諸国がイギリスの産業化に追いつくには、約一世紀の歳月が必要だった。イギリスが産業の発祥地として適していた理由は数多くある。たとえば、科学の伝統、プロテスタントの労働倫理、宗教的寛容、豊富な石炭資源、効率的な輸送を可能にした道路と運河の交通網、自国の企業家たちに融資するための資金をもたらした帝国主義の果実などである。もちろん、イギリス人が茶を特別愛したことも理由の一つだった。茶は新たに誕生した工業都市における病気の蔓延を防ぎ、長い労働時間中に、労働者の空腹感を紛らわす働きをした。茶は初期の工場労働者たちのエネルギー源だった。当時の工場では、機械は水蒸気を、人間は湯気の立ちのぼる飲み物を動力源としたのである。

ティーポットが作る政策

イギリスに茶を供給した組織、イギリス東インド会社の政治的影響力は巨大だった。最盛期、この会社の収入はイギリス政府の歳入を上回り、統治した人間の数は政府のそれをはるかにしのぎ、輸入した茶の関税として納めた金額は、政府の歳入の一〇パーセントを占めていた。だからこそ東インド会社は、当時の世界最強国の政策に対して、直接的および間接的な影響力を手にすることができたのである。会社は国の上層部にたくさんの強いコネクションを持ち、社の役員たちは金を使って造作なく議会に入り込んだ。東インド会社の擁護者たちはときに、西インド諸島の利益を保持するために政治家たちと手を組んだ。西インド諸島の砂糖の需要は、茶の消費の増大とともに増したからである。こうして、イギリス東インド会社の政策は多くの場合、イギリス政府の政策となったのである。

茶に関する政策が合衆国独立に一役買ったことは、よく知られている。一七七〇年初め、茶はイギリスおよびアメリカ植民地に盛んに密輸されていた。関税を払わない密輸業者の茶は正規のものよりも安かったため、イギリスで人気を博した。アメリカの入植者たちは、ロンドンの政府が輸入茶に課す税金を払うことを嫌がり、オランダからの密輸茶を好んで飲んだ。税と名のつくものの支払いをいっさい拒否することが、入植者たちの主義だったからだ（イギリス政府は、フレンチ・インディアン戦争の負債を返す資金を得るために、さまざまな商品に次々と税をかけた。茶は最後まで残った課税対象品目だった）。密輸の横行によって正規の茶の売り上げが落ち、東インド会社は膨大な在庫を抱えた。一万トン近くの茶がロンドンの倉庫に眠っていた。輸入した以上、在庫品も課税対象だったため、一〇〇〇万ポンド以上もの輸入関税を納めなければならない。そこでこの会社はいつものごとく、自分たちに都合のいい措置を政府に取らせることで、問題の解決を図ろうとする。

その結果が一七七三年の茶税法だった。東インド会社が決めた条項には、納税用として、政府からの一四〇万ポンドの借り入れと、中国から直接アメリカに茶を出荷する権利が含まれていた。この結果、社はイギリスの輸入税の代わりに、アメリカの輸入税――税率は一ポンド三ペンスと、かなり低かった――だけを払えばよくなった。さらに、関税は社のアメリカ代理店が納めることになっており、代理店はアメリカでの茶の独占販売権を与えられていた。要するに、東インド会社はイギリス政府によって独占を公認されたのである。これにより、政府による入植者への課税制度が確立された。正規の輸入茶の税率を下げれば、安価という密輸茶の利点がなくなるから、密輸業者は次第に弱体化するだろうし、結果的には茶の値段が下がるのだから、入植者もきっと喜ぶはずだ――東インド会社の役員たちは、そう考えたのである。

しかし、これはとんだ誤算だった。アメリカ入植者、とりわけニューイングランドの人々の繁栄は、フランス領西インド諸島からラムの原料である糖蜜を買うにしろ、オランダからの密輸茶を扱うにしろ、ロンドンの介入を受けない自由な交易に寄るところが大きかったからだ。イギリス製品をボイコットし、ロンドンの政府に対する納税を拒むというのが入植者たちのとった基本的な態度だった。彼らはまた、政府が東インド会社に茶の独占販売権を与えた手口にも憤慨していた。次はいったいなにが？「東インド会社が（かつては）幸せだったこの国に足を踏み入れたら最後、やつらは石ころ一つさえ残さずに、すべてを支配下に治めるだろう」。一七七三年一二月、フィラデルフィアで出回ったちらしの文面だ。「あの会社の人間は腹黒く、邪悪で、横暴な閣僚を味方につけている。圧政、強奪、抑圧、流血に精通しているのだ。かくして連中は暴利をむさぼり、世界一強大な交易会社になったのである」。多くのイギリス商人も、同じように感じていた。政府はまたもや、東インド会社に言われるがまま、彼らに有利な政策を認めたのだ、と考えたのである。

茶税法が実施され、東インド会社の船が積み荷の茶とともにアメリカに到着すると、入植者たちは荷下ろしを妨害した。一七七三年一二月一六日、アメリカ先住民モホーク族に扮した反対派の一団――多くは密輸茶交易に関わり、生活を脅かされるかもしれない、と危機感を抱いていた商人だった――が、ボストン湾に停泊中の三隻の船に押し入る。そして三時間ほどのあいだに、三四二箱の茶箱の中身をすべて海に空けた。続いて、ほかの港でも同様の「茶会」事件が起きた。これに対してイギリス政府は行動を起こし、一七七四年三月、東インド会社に賠償がなされる

1773年のボストン茶会事件。政府に反対する者たちが、船3隻分の茶の積み荷をすべてボストン港に捨てた。

まで、ボストン湾を閉鎖すると発令した。一七七四年に通過した一連の強圧的諸法の最初の施行である。イギリス政府としては、植民地に対する自らの支配力をあらためて誇示する目論見だったのだが、実際には入植者たちの怒りを増大させただけで、一七七五年の独立戦争のぼっ発をあと押しする結果となった。もしもイギリス政府と東インド会社との利害関係がもっと薄いものだったなら、茶会事件をあっさり無視しただろうか？　あるいは、入植者たちとなんらかの妥協案を交わしただろうか？　あれこれ想像してみるのも面白いが（アメリカ側では、たとえばベンジャミン・フランクリンは、海に破棄された茶の賠償金を払うべきだと主張した)、いずれにしろ、茶を巡る争いは、アメリカ植民地のイギリスからの独立に向けての確実な一歩となったのである。

アヘンと茶

東インド会社は一七八四年、再び幸運に恵まれる。イギリスへの輸入茶に対する税率が大幅に下がり、正規の茶の値段が下がったからだ。これにより売り上げが倍増し、密輸は一掃された。しかし、そのあまりにも大きな影響力と、私服を肥やすことにしか興味のない役員たちの腐敗ぶりに対する懸念が次第に大きくなるとともに、東インド会社の力は徐々に低下していく。東インド会社は議会に報告義務を持つ管理委員会の監視の下に置かれた。そして一八一三年、アダム・スミスの提唱する自由交易を熱望する声の高まりを受けて、東インド会社は中国を除くアジア交易における独占権を剥奪される。そのため、会社は交易よりも、インドの巨大な領地の管理に力を注ぐ。一八〇〇年以降、その収入の大半を占めていたのはインドの土地税だった。一八三四年には、中国との独占交易権も剥奪された。

だが、たとえ政治的影響力が減少し、競合他社の市場参入が認められても、東インド会社は依然として茶交易の実権を握っていた——アヘン交易を通じて、である。アヘンはケシの未熟果の乳液からできる強力な麻薬で、古代から薬として用いられてきたのだが、強い中毒性があるためにアヘン中毒が中国で大問題となり、一七二九年には使用が法律で禁じられた。だが、それ以降もアヘン交易は闇で続けられており、一九世紀初め、東インド会社はイギリス政府と結託して交易を組織化し、これを大々的に広げる。こうして麻薬密輸の大がかりな組織が、政府によって半ば公認される格好で確立された。イギリス政府の目的は中国との交易における収支の不均衡の是正で、その不均衡の直接の原因はイギリス人が茶を愛好したことにあった。

イギリス側の悩みの種は、中国が茶の交易品としてヨーロッパの品に興味を示さないことだった。ちなみに、一八世紀の時計と時計じかけの玩具だけは唯一の例外で、こうした自動機械はヨーロッパの技術が中国のそれを明らかに上回る、数少ない分野の一つだった（もっとも、外的影響から身を守ろうとするあまり、中国人は概して変化と革新に不信感を持っていたため、この頃にはすでに、その他の多くの分野でもヨーロッパの技術が先を行っていた）。しかし、中国は次第にこうした製品にも興味をなくしたため、東インド会社は大きな問題を抱えてしまう。茶の代金を銀で支払わなければならなかったからだ。毎年、現在の価格でおよそ一〇億ドルに相当する大量の銀を確保するのはきわめて困難だった。しかもさらに悪いことに、銀の価格は茶のそれよりも早く上昇していたため、社の財政は圧迫されつつあった。

そこで、彼らが目をつけたのがアヘンだった。少なくとも取引に応じる用意のある中国商人は、アヘンを銀と同じく価値の高い商品と見なしていたからだ。都合のいいことに、東インド会社は独占的にアヘンをインドで栽培・製造しており、一七七〇年代から、少量を密輸業者ないしは中国の悪徳交易業者に闇で売りさばいていた。会社はアヘンの製造拡大に乗り出し、茶を買うために、銀の代わりにこれを用い始める。そして、アヘンは通貨として期待どおりの働きをするまでに成長した。

ただし、茶と引き替えに違法の麻薬を公然と手渡しするわけにはいかない。そこで、アヘン交易をなるべく表沙汰にしないようにするため、東インド会社は手の込んだ仕組みを作り上げる。アヘンはベンガルで生産し、一年に一回、カルカッタで競売にかけたのだが、そのあとアヘンがどこに行くかについては、東インド会社は知らないふりを決め込んだ。実際には、インドに拠点を置く〝地方貿易商〟が購入した。彼らは、名目上は独立した交易会社で、東インド会社から中国との取引を認められたことになっていた。アヘンを競り落とした地方貿易商は、広東の河口まで船で輸送し、銀と交換に伶仃島で下ろした。そして中国商人の手によって手漕ぎの船に積み替えられ、陸揚げされた。中国に直接輸出しているわけではないのだから、違法ではない、というのが地方貿易商たちの言い分だった。東インド会社もこのやり取りへのいっさいの関与を否定できた。実際、東インド会社の船はアヘンの輸送を厳重に禁止されていたのである。

中国の税関職員は事情を承知していたが、中国のアヘン商人から賄賂をもらい、この企ての片棒を担いだ。当時のアメリカ商人W・C・ハンターは、次のように述べている。「賄賂の体系が完璧にでき上がっており（外国人はいっさい関与していなかった）、ビジネスは容易かつ定期的に行われた。たとえば行政官の交代時など、一時的に障害が発生することもあった。そうすると謝礼の問題が持ち上がるのだが（中略）、そのうちに双方納得の形で話がまとまり、仲買人たちは輝くような笑顔を取り戻し、平和と免責が再びこの地を支配したのである」。時折、地元の官吏が密輸業者を威嚇する布告を出し、伶仃島周辺をうろうろしている外国船は本土の港に入るか、さもなければその場を立ち去るように命じ、とりあえず水平線の向こうに行くまで、中国税関の船が外国船を追いかけることもあった。そうすれば、外国の密輸業者を追い払ったと、形ばかりの報告ができたからである。

この悪辣な企みは、東インド会社と、彼らとグルだった政府の人間にとっては大成功を収める。年間二五〇包だったアヘンの中国への輸出量は、一八三〇年には一五〇〇トンに達し、茶を買うのに十分な、いや実際には十分すぎるほどの銀を稼ぎ出した。一八二八年以降、中国のアヘン輸入高は、茶の輸出のそれを上回っていたからだ。銀は中国、インド、ロンドンのあいだをぐるぐると巡った。まず、〝地元会社〟が銀をインドに持ち帰り、東インド会社がロンドン発行の取引銀行手形でこれを購入する。東インド会社はインドの統治政府だったため、こうした手形は現金と同等の価値を有していた。その後、銀はロンドンに送られて、東インド会社の代理人の手に渡り、代理人はその銀を持って広東に戻り茶を買う、という流れである。たしかに中国は当時、密輸量と同量のアヘンを非合法的に生産していたが、だからといって、それでイギリス政府が巨大規模の麻薬裏取引を承認した事実を正当化することは許されないだろう。数多くの中毒者を生み、無数の人々の命を奪ったアヘンの闇売買が、イギリスへの茶の供給維持のためだけに続けられたのである。

中国政府は、新たに法を制定してこの交易を止めようとしたが、効果はほとんどなかった。広東の官僚たちが完全に腐敗していたからだ。そこで一八三八年、皇帝はアヘン交易廃絶のため、欽差大臣の林則徐を広東に派遣する。林が到着したときにはすでに、広東の事態はかなり深刻だった。一八三四年に東インド会社が独占権を剥奪されて以来、地元の官吏とイギリス政府の代表たちのあいだで、交易のやり方に関する激しいやり取りが続いていた。赴任後すぐに、林は中国商人とイギリス人業者にアヘンの在庫をすべて破棄するよう命じたが、彼らはこの命令を無視する。以前にも同じような命令を無視したが、なんのおとがめも受けなかったからだ。これに対して、林は部下に命じ、一年分の在庫をすべて焼き払わせる。だが密輸業者はご多分にもれず、一時的になりを潜めただけで、すぐさま商売を再開した。そこで林はイギリス人、中国人を問わず、そうした業者を逮捕した。その後、ふたりのイギリス人船員がけんかでひとりの中国人を殺害し、イギリス当局がその船員の身柄の引き渡しを拒むと、林はすべてのイギリス人を広東から追放した。

この事態に、ロンドンの関係者は激怒した。かねてから東インド会社の代表をはじめとするイギリス商人はイギリス政府に対して、中国に広東以外の港も開港させてほしい、と迫っていた。建て前は、あくまでも自由貿易の利益のために、実際には、茶交易（とそれに関連するアヘン交易）の保護のために、不安定な広東の状況はなんとかしなければならない、というのが商人たちの考えだった。一方、イギリス政府はアヘン交易を公に認めたくはなかった。そこで、中国国内でアヘンが禁止されているからといって、イギリス商人の商品（つまりアヘン）を差し押さえ、破棄する権利が中国官吏にあることにはならない、という姿勢を取る。こうしてイギリスは、自由貿易の保護にかこつけて、中国に宣戦布告をしたのである。

アヘン戦争は一八三九年〜四二年と短期間のうちに、イギリスの一方的な勝利に終わった。ヨーロッパの武器の性能が中国の武器のそれをはるかに上回っていたからである。中国側にしてみれば、思いも寄らないことだった。一八三九年七月の最初の交戦において、イギリスはわずか二隻の戦艦で、二九隻の船を擁する中国を打ち破った。地上戦でも、中国の中世の武器では、最新式のマスケット銃で武装したイギリス軍にまるで歯がたたなかった。一八四二年半ばまでにイギリス軍は香港を征圧し、主要な川の三角州地帯を押さえ、上海をはじめ、いくつかの都市を占拠する。その後、イギリスは中国と講和条約を結び、香港をイギリスに割譲し、五つの港を開港してあらゆる品の自由貿易を認めさせ、林則徐が廃棄したアヘンへの弁償を含め、イギリスへの賠償金を銀で支払うことを要求した。

イギリス商人にとって大勝利に終わったこの結果は、中国側にすれば屈辱にほかならなかった。無敵の超大国という神話は崩壊し、中国は丸裸にされた。頻発する仏教徒の反乱の鎮圧に失敗したことで、清朝の権威はすでに失墜していた。そのうえ今度は遠方の小さな島国に敗れ、そこの野蛮な商人と宣教師に対して開港を余儀なくされたのである。これが口火を切る格好となり、中国は一九世紀後半を通じて、制限貿易の撤廃を求める西洋の列強から次々に戦争をしかけられ、いずれも敗北し、大国の商業的目的にかなう条約を結ばされる。依然として中国の主要な輸入品だったアヘンの交易は合法化された。中国の通関事務はすべてイギリスが管理した。織物やその他工業製品が大量に流れ込んできたため、中国の職人たちは生活基盤を激しく揺さぶられた。イギリス、フランス、ドイツ、ロシア、合衆国、日本といった国々は、中国を帝国主義展開の場として、領土を分割し、政治的優越性の確保にしのぎを削った。これに対して、中国人は外国に対する嫌悪感をますます募らせることしかできず、腐敗の蔓延、経済の衰退、アヘン消費の増大により、かつての強大な文明国は崩壊していった。アメリカの独立と中国の没落はどちらも、茶がイギリスの帝国主義政策に、ひいては世界史の流れに与えた影響の名残なのである。

アッサム茶と投機ブーム

アヘン戦争のぼっ発前からすでに、イギリス国内では、茶の供給の中国への依存を危惧する声が上がっていた。一七八八年とかなり早い時期に、東インド会社は当時有数の植物学者だったジョゼフ・バンクス卿に対して、ベンガルの山岳地帯で栽培できる有益な作物についての助言を求めている。バンクスの報告書では茶が一番に挙げられているのだが、東インド会社はこれを無視した。一八二二年、英国王立人文科学協会は「イギリス領西インド諸島、喜望峰、（オーストラリアの）ニューサウスウェールズ州、あるいは東インド諸島で中国茶の大量栽培および生産に成功した者」に五〇ギニーの賞金を与える、と発表しているが、賞金を獲得した者はだれもいなかった。東インド会社は中国との独占的交易の価値が下がることを恐れて、茶の新たな供給源の調査に消極的だったのである。

だが、一八三四年にこの独占権が剥奪されると、東インド会社はいかにも彼らららしく、その姿勢を一変させる。この会社のトップで、インドの総督だったウィリアム・キャベンディッシュ・ベンティンク卿は、ある人物から、茶を栽培すれば「中国政府が許容している量を、より確実に手にできる」とする覚書きを受け取り、栽培計画を熱心に推進し始める。ベンティンクは可能性を探るために委員会を設置し、使節団を派遣した。一七二八年からジャワ島で茶の栽培を試みていたオランダ人の助言を求め、茶の種と熟練労働者の確保を期待して中国を訪れさせたのである。ベンティンクはまた、インドで茶の栽培に最適な場所を探す調査も開始している。

この計画の支持者たちは、インドでの茶の栽培は、もし実現すれば、イギリスとインド双方にとって有益だと主張した。イギリスの消費者は、より安定した茶の供給源を確保できる。また、茶産業という新しい産業は、大量の人的資源を必要とする。そのため、東インド会社がイギリスから輸入した安価な織物によってインドの伝統的な綿布産業を壊滅させて以降、働き口を失っていた人々を含め、たくさんのインド人労働者が仕事の機会を得られるはずだ。さらには、茶を生産するだけでなく、インド国民がこれを飲むことで、新たな巨大市場が生まれるに違いない——それが彼らの言い分だった。茶栽培の支持者によれば、インドの農夫たちは「市場で非常に高く評価される商品を作ると同時に、健康的な飲み物を手にすることにもなるだろう」ということだった。

茶の栽培が莫大な利益を生むことは約束されていた。中国の伝統的な茶作りの方法は、産業とはとても言えないもので、数百年間、なにも変わっていなかったからだ。まず、田舎の零細な生産業者が茶を仲買人に売る。茶は河岸まで輸送され、可能なときは川伝いに船で、そうでなければ山道を人が運ぶ。最後に商人がこれを買い、調合し、梱包して、広東でヨーロッパの交易業者に売った。当然、仲買人はそれぞれ手数料を取ったため、輸送費、通行料、税金を加えると、茶一ポンドあたりの販売価格は、元の売値の二倍近くになった。インドでなら、この差額をすべて自分のものにすることができる。しかも、新たな工業的生産法を導入して、プランテーションを〝茶工場〟のように運営し、加工作業を可能な限り自動化すれば、生産性の飛躍的向上が期待できる。当然、利益のさらなる増大も見込まれた。インドでの茶栽培によって、帝国主義と産業主義が手を取り合うことになるというわけだ。

だが、これには一つ、大いなる皮肉があった。茶の木はインドに古くから、ベンティンクの調査団のまさに鼻先に存在していたのである。一八二〇年代、カルカッタ植物園の館長で植物学者のナサニエル・ウォーリッチは、アッサムに自生する茶に似た植物の標本を受け取る。ウォーリッチは、これが椿科の普通種だということはわかったが、茶樹だとは気づかなかった。一八三四年、ベンティンクの委員会のメンバーに任命されたウォーリッチは、インドのどの地域の気候が茶の栽培に適しているのかを探るために、各地に質問状を送った。アッサムからの返答は、茶樹の切り枝、種、そして茶葉の完成品のサンプルだった。今回ばかりはウォーリッチも確信し、委員会は嬉々としてベンティンクに次のように報告した。「間違いなく、茶の低木はアッサムの高地に自生しております。(中略) 我々はこれが (中略)、帝国の農業ないしは商業資源に関して、最も重要かつ有益な発見であると自信を持って断言いたします」

現地に調査に出向いた結果、彼らは茶が本当にアッサムに自生していることを確認する。都合のいいことに、そこは人里離れたビルマとの国境地帯で、ビルマの侵攻に備えて、東インド会社が緩衝地帯を設けるために数年前に占拠していた地域だった。当時、東インド会社は貧しいアッサム北部に傀儡政権を作り、一方でアッサム南部では土地や作物のほか、思いつく限りのものを課税対象にして収税していた。当然ながら、この地域での茶の自生が確かめられた以上、この政権が長続きすることはなかった。ただし、アッサムに自然に生えていた茶の木を一大茶産業に発展させるのは、予想以上に難しかった。生産体制の確立を任された官吏と科学者は、なにが最良の方法なのかを巡って激しく意見を交わした。茶の栽培には平野が最適なのか、それとも高地なのか？　高温地域、それとも低温地域なのか？　実際のところ、答えはだれも知らなかった。木と種を中国から取り寄せ、一緒に茶の生産業者も数人連れてきたにもかかわらず、茶の木をインドに根づかせることはできなかった。

問題を解決したのは、冒険家および探検家で、アッサムの人間、言語、習慣に詳しいチャールズ・ブルースという男だった。ブルースは地元の人間の知識と、中国の茶の生産業者の技術を合わせ、野生の茶木の栽培方法、栽培に最適な場所、群生の野生種を整然とした茶畑に移植する方法、そして茶葉をしおれさせ、丸め、乾燥させる方法を徐々に編み出していく。一八三八年、初めて出荷された少量のアッサム茶がロンドンに到着すると、茶商人たちはその質の高さに感銘を受ける。こうしてインドでの茶栽培の可能性が現実のものになると、東インド会社は、骨の折れる仕事を他者の手に委ねることにする。企業家たちを送り、茶プランテーションを作らせ、自分たちは土地を貸し、生産された茶に課税することで儲けるというのが彼らの計画だった。

この申し出にロンドン商人の一団が手を挙げ、アッサム会社という新会社が設立される。彼らは、イギリスが中国商人との交易を強いられているという「屈辱的状況」――アヘン戦争によってまもなく打破されることになる――を前々から嘆いており、インドに新たな供給源を作るという機会に飛びついた。茶は「大いなる利益の源で、国家にとって大切な品」だったからだ。ブルースの報告書には、次のように書かれている。「中国と同じように（中略）十分な製造業者を確保すれば、かの国と価格で張り合うことができます。いえ、むしろさらに安く売れる可能性もあり、そうすべきです」。ブルースによれば、最大の問題は茶プランテーションに十分な労働力をいかに供給する

1880 年のインドの茶プランテーションの様子。この頃にはすでに、インドのほうが中国より低コストで茶を生産していた。

かということだった。ブルースは、アヘンの蔓延によって地元の人間はそうした労働をしたがらないが、仕事の口があると聞けば、近隣のベンガルから失業者が大量に流れ込んでくるだろう、と確信を持って予想している。

アッサム会社は資金調達には苦労しなかった。株を売り出したところ、申込者が殺到したからだ。実際、多くの投資家志望者の購入を断るほどだった。一八四〇年、アッサム会社は東インド会社が実験的に設立した茶プランテーションの実権をほぼ掌握するのだが、その経営方法は壊滅的に誤っていた。国籍だけで茶の栽培ができると考え、彼らは中国人とみれば、だれでも雇った。会社役員たちは社の金を自由奔放に使った。茶は少しかできず、質も悪かった。そのため、アッサム会社の株価は九九・五パーセントも落ちる。だが、一八四七年、運営責任者になっていたブルースが解雇されて、ようやく状況が好転し始める。一八五一年までにアッサム会社は黒字に転換し、同年、彼らの茶は、大英帝国の富と力を示すために開かれたロンドン大博覧会に出品されて、高い評価を受けた。中国人でなくても茶は作れるということが、これではっきりと証明されたのである。

これをきっかけにして茶ブームが起き、茶の新会社がインドに次々と設立された。しかし、その多くは無知な投機家が新事業とあればなんでもかまわず資金を提供したにすぎず、失敗に終わっている。一八六〇年代後半に入ると、この異常人気は収まるが、この頃から工業的手法と機械の導入により、茶の生産量が本格的に増大し始める。茶の木はすべてきれいに並べて植えられた。労働者たちは並んで建つ小屋に住まわされ、労働、食事、睡眠と、その行動はすべて厳格な時間表に定められていた。茶摘みは自動化できなかったが（今も手作業である）、茶葉の加工は一八七〇年代から機械化が始まり、よりいっそう精巧になった機械によって、撚《よ》り、乾燥、選別、梱包という工程が自動化された。このような工業的手法を取り入れたことで、コストを劇的に抑えられるようになった。一八七二年、インドと中国の茶一ポンドの生産コストはほぼ同じだったが、一九一三年までに、インドの生産コストは三分の一になっていた。さらに鉄道と蒸気船のおかげで、イギリスへの輸送費も下がった。中国の輸出業者がこれに太刀打ちできるはずもなかった。

わずかな期間に、中国はイギリスへの茶の主要供給国という地位を奪われた。数字がそれを物語っている。一八五九年、イギリスは中国から三万一〇〇〇トンの茶を輸入したが、一八九九年までは七〇〇〇トンに減り、これに対してインドからの輸入は一〇万トン近くに増えている。インドの茶産業の台頭は中国の茶農家に壊滅的な打撃を与え、中国はますます不安定になっていき、そのまま二〇世紀前半の反乱、革命、戦争が頻発する政情混乱の時代へと突入する。ちなみに、東インド会社は中国茶と手を切るというイギリスの計画の達成を見届ける前に消滅している。インド大反乱——東インド会社の政策に反対する暴動で、一八五七年のベンガル軍の反乱を契機に起き、騒ぎはインド各地に広がった——以降、イギリス政府はインドを直接支配するようになり、一八五八年、東インド会社に解散を命じた。

インドは今日でも、世界最大の茶の生産国である。消費量も一位で、世界の総生産量の二三パーセントを消費しており、これに続くのが中国（一六パーセント）とイギリス（六パーセント）だ。世界各国の国民一人当たりの茶の消費量を調べると、かつての植民地の数字に、イギリスの帝国主義の影響を今でもはっきりと見て取ることができる。上位一二ヵ国のなかで、西洋諸国はイギリス、アイルランド、オーストラリア、ニュージーランドの四ヵ国だけで、中国や日本を除くと、残りはすべて禁じられているアルコールの代わりとしてコーヒーや茶を愛飲する中東の国ばかりである。アメリカ、フランス、ドイツはかなり下位で、国民ひとりあたりの消費量は、イギリスまたはアイルランドの約一〇分の一しかなく、代わりにコーヒーが多く飲まれている。

アメリカ人が茶よりもコーヒーを好むのは、茶税法とボストン茶会事件という、茶に対する拒絶を象徴的に表わす出来事が大きく影響している、という説をしばしば耳にするが、これは誤りだ。独立戦争中、イギリス茶の供給が妨げられていたときでさえ、アメリカ入植者たちの茶を求める熱意は冷めなかった。彼らは苦心して地元の材料で代用品まで考案している。四つ葉のオカトラノオで「リバティ・ティー（自由の茶）」を作る者もいれば、ヘラオオバコ、アカスグリの葉、セージを原料とする「バルム茶」を飲む者もいた。たとえ味が悪くても、アメリカ人がこうした茶を口にしたのは、それで愛国心を誇示できると考えたからだろう。本物の茶葉も少量ではあるが、タバコと称して闇で交易されていた。正規の茶の流通は、独立戦争の終結後すぐに再開される。ボストン茶会事件から一〇年後も、茶は依然としてコーヒーよりも人気があったのである。コーヒーが流行り出すのは、ようやく一九世紀半ばになってからのことだった。きっかけは、一八三二年にコーヒーに対する輸入関税が撤廃され、庶民にも手が届くようになったことだった。コーヒー関税は南北戦争時に一時的に復活するが、一八七二年に再び廃止される。「アメリカではコーヒーが免税になり、その消費は急増している」と、その年の『イラストレイテッド・ロンドン・ニュース』は報じている。移民の傾向が変わり、茶好き国家イギリスからの移民の割合が減少するとともに、茶の人気は下降していったのである。

茶の物語からは、革新と破壊いずれの意味においても、当時の大英帝国の強大な力をうかがい知ることができる。茶は一世紀ほどのあいだ、世界に名だたる超大国だった国民の、大のお気に入りの飲み物だった。イギリスの役人たちはどこに行っても茶を飲み、兵士はヨーロッパやクリミア半島の戦地で茶を飲み、労働者はミッドランズの工場で茶を飲んだ。以来、イギリス人の茶好きは変わっていない。そして、この帝国とそのエネルギー源だった茶が歴史に与えた衝撃の跡もまた、今でも残っているのである。

第6部

コカ・コーラとアメリカの台頭

第11章 ● ソーダからコーラへ

もっと、もっと強くなる！
コーラを飲むと、みんな強くなる。
すっきり、すっきりする！
コーラを飲むと、頭がすっきりする。
——コカ・コーラの宣伝文句（一八九六年）

グローバル化と足並みを揃えて

産業主義と消費者主義は、最初イギリスに根を張ったのだが、真に繁栄するのは、新しい工業生産法を導入した合衆国においてだった。産業革命以前の物作りでは、ひとりの職人が最初から最後まで製品の面倒をみていた。これに対して、製造工程をいくつかの段階に分け、ある段階から次の段階へと物を流し、可能なところは労力節約の機械を使うというのが、イギリスの産業的手法だった。アメリカ人は、製造工程から組立て工程を切り離すことで、これをさらに推し進める。彼らが導入したのは、専用の機械で互換性のある部品を大量に製造し、組み立て、完成品に仕上げるという手法である。これはのちにアメリカ型生産方式として有名になり、まずは銃、続いてミシン、自転車や車、そのほかの製品にも適用される。この方式こそ、アメリカの産業力の基盤だった。このおかげで、まもなくアメリカ人の生活に欠かせない存在となる大量生産と消費財の大量販売が可能になったからである。

一九世紀のアメリカの状況は、この新たな大量消費主義にとって理想的だった。原料が豊富にある一方、優れた技術を持つ労働者はつねに不足していたが、この新しい専用機械ならば、未熟練工でも熟練の機械工と同じ部品の生産ができるようになったからだ。また合衆国では一般に、地域格差と階級意識がヨーロッパ諸国ほど強くなかった。そのため、製品を地域ごとの好みに合わせて作る代わりに、同じ製品を大量生産し、どこででも売ることができた。さらに、一八六五年の南北戦争後に全土に伸びた鉄道および電信網のおかげで、アメリカ全体が単一市場になった。まもなく、イギリス人までもがアメリカの産業機械を輸入し始める。それは産業界のリーダーの座が、別の国に移ったことの明白な証だった。一九〇〇年までにはすでに、アメリカ経済はイギリスのそれをしのぎ、地球一の規模に成長していたのである。

一九世紀中、アメリカはその経済力をまず国内に向けて行使した。二〇世紀には海外にその経済力を向け、二度の世界大戦に積極的に介入した。その後、ソ連と冷戦状態に入ると、両者の軍事力は拮抗したため、戦いは経済力の争いとなり、結局、ソ連が戦いを継続できなくなった。二〇世紀――アメリカの世紀と呼ぶにふさわしい時代――が終わるまでに、合衆国は圧倒的な軍事力と経済力を備えた世界随一の超大国になっていた。地球規模の交易とコミュニケーションによって、さまざまな国々がかつてないほど密接に結びついた世界。そこで、アメリカはまさに敵なしになったのである。

アメリカの台頭と、二〇世紀における戦争、政治、交易、コミュニケーションのグローバル化は、コカ・コーラ――世界で最も価値の高い有名ブランドであり、アメリカとその価値観を体現している、と世界中の人々に思われている飲み物――が世界に普及していく動きと、ぴたりと符合している。合衆国を肯定する人々にとって、コーラは経済的・政治的な選択の自由、消費者主義と民主主義、そしてアメリカン・ドリームの象徴だ。一方の否定派にしてみれば、この飲み物が象徴しているのは、情け容赦のないグローバル資本主義、グローバルな企業とブランドによる支配、そしてさまざまに異なる地域文化や価値観のアメリカ化および均質化である。一杯の茶のなかに大英帝国の物語が隠されているように、アメリカが台頭し、世界一にまで上り詰める物語は、コカ・コーラという、茶色くて甘い炭酸飲料の普及と併行して進んだのである。

ソーダ水の登場とアメリカの精神

コカ・コーラの、いや、人工的に炭酸を加えたすべての清涼飲料水の直接の祖先は、興味深いことにイギリスで誕生している。一七六七年にリーズの醸造所において、牧師で科学者のジョセフ・

プリーストリーが作ったのが始まりだ。プリーストリーの職業は、牧師——彼は変わった宗教観の持ち主で、ひどいどもりでもあった——だったが、時間を見つけては、科学的研究に励んでいた。プリーストリーの家の隣はビールの醸造所で、発酵用の樽から沸き上がるガスの存在に、彼は次第に強く惹かれていく。当時、このガスはたんに「固定空気」と呼ばれていた。プリーストリーは醸造所を研究所代わりにし、この不思議なガスの性質を調査することにした。まず、発酵中のビールの表面にろうそくの火を近づけてみたところ、ガスの層で火が消えることがわかった。火が消えたあとのろうそくの煙はガスによって運ばれるため、少しのあいだだけ、ガスの流れが目に見えた。これで、ガスは樽の側面に沿って床まで流れることが判明した。つまり、ガスは空気よりも重いということである。プリーストリーは樽の上にグラスを二つ掲げて、水を何度もすばやく、そして勢いよく入れ替えることで、水にガスを溶解させることに成功し、「飲み心地の非常によい泡立つ水」を作り出した。もちろん、

ジョセフ・プリーストリー。1772年に炭酸水の作り方に関する本を出版した。

このガスは炭酸ガスで、できた水は炭酸水である。

当時、この「固定空気」には殺菌作用があるという説が流布したため、「固定空気」を含む飲み物は薬として有用と考えられていた。この説はまた、天然鉱水《ミネラル・ウォーター》——多くは発泡性だった——には健康によい成分が含まれている、という考えの裏づけにもなった。プリーストリーは一七二二年、この発見を英国学士院に提出し、『固定空気の水への含浸（Impregnating Water with Fixed Air）』という書籍を出版した。このときまでに、彼はさらに効率よく発泡水を作る方法を編み出していた。瓶のなかで化学反応を起こしてガスを作り、それを、水を満たして逆さまにした別の瓶に導く。瓶にガスがいっぱいに溜まったら、よく振ってガスと水を混合する、という方法である。こうした研究の医学的利用価値の高さを認められ、プリーストリーは英国学士院で最も名誉ある賞コプリー・メダルを授与されている（炭酸水は、船乗りの壊血病予防に特に効果的であるという誤った期待をかけられていた。レモン果汁の有効性が広く知られるようになる以前のことである）。

ただしプリーストリーは、この発見をもとにしてビジネスを始めることはしなかった。人工的に炭酸を加えた水を薬として最初に売り出したのは、マンチェスター在住の化学者で薬剤師のトーマス・ヘンリーだったようだ。一七七〇年代のことである。ヘンリーは鉱泉水の人工的製法の開発に熱心で、天然鉱水は健康によいと信じ、とりわけ「化膿による発熱、赤痢、胆汁嘔吐など」に効果があると考えていた。彼が考案した機械を使えば、一度に一二ガロン（約五〇リットル）の発泡水の製造が可能だった。一七八一年に出されたパンフレットには、発泡水の瓶は「コルクでしっかりと栓をし、密封しなければならない」と書かれている。また、ここでは発泡水をレモネード——砂糖、水、レモン果汁——と一緒に服用することも推奨されているので、人工的に炭酸を加えた甘い飲み物を最初に売り出したのも、ヘンリーだったと言えるかもしれない。

一七九〇年代、ヨーロッパ中の科学者と企業家が、人工的に発泡水を作って大衆相手に売るという商売を始めたが、成功の度合はさまざまだった。スウェーデンの化学者トルビョルン・ベリマンは、弟子のひとりをたきつけて小さな工場を作らせたが、瓶詰め係として雇われた女性が一時間にたった三本しか封ができないほど、この工場の作業効率は悪かった。一方、ニコラス・パウルというジュネーブの機械工が、投資家のヤーコブ・シュウェップと共同で興した事業は、これよりもはるかに効率的だった。パウルが考えた水に炭酸を加える方法は、一七九七年にジュネーブの医師たちから最高だと絶賛される。パウルの会社はすぐに大繁盛となり、一八〇〇年までには、瓶詰めの炭酸水を海外に輸出するまでになっていた。その後、パウルとシュウェップは袂を分かち、それぞれイギリスに会社を設立する。シュウェップの製品は炭酸が弱く、こちらのほうがイギリス人の好みに合っていたようだ。当時は一般に、泡が少ない水のほうが天然鉱水に似ているということで、高く評価されたのである。パウルの会社の炭酸水を飲んだ者が、膨らみすぎの風船のように描かれている風刺漫画も残っている。

新たに登場した人工的な発泡水のなかには、重炭酸ナトリウム、つまりソーダを使って作るものもあった。そのため、こうした飲み物は一般に「ソーダ水」と呼ばれるようになったのである。一八〇〇年まで、発泡水はすべて医療用で、さまざまな病気の治療薬として医師によって処方されていた。イギリス政府はこれを売薬の一種とみなし、一瓶につき三ペンスの税金を課した。

一七九八年、ある医療関係のライターの文章には、シュウェップが生産・販売する「ソーダ水」という記述が見られる。また、一八〇二年のロンドンの広告には、「一般にソーダ水と呼ばれるガスを含むアルカリ水は、医療用として古くから利用されており、効果も高い」とうたわれている。

しかし、ソーダ水が最も人気を得た国はアメリカだった。ヨーロッパと同じくアメリカでも、天然鉱水の成分とこれを人工的に生産する可能性への関心が非常に高かった。フィラデルフィアの著名な医師ベンジャミン・ラッシュは、ペンシルバニアの鉱水を調査し、一七七三年にはアメリカ哲学協会に調査結果を提出している。政治家で科学者のジェームズ・マディソンとトーマス・ジェファーソンも、鉱水の薬効成分に関心を寄せている。当時、ニューヨーク州北部の村サラトガの自然の湧水は、とりわけ素晴らしいと称賛されていた。一七八三年にはジョージ・ワシントンも村を訪れており、翌年には、友人からここの湧水を瓶詰めにしようと綴られた手紙を受け取っており、その関心の高さをうかがい知ることができる。「ここの水がほかと違うのは、固定空気が実に多く含まれている点だ。（中略）ただし、ここの水は密閉できない。どういうわけか、なかの空気が抜けてしまう。瓶に詰めてコルクで栓をしたら、瓶が割れてしまったと言う者たちもいた。一本だけ持っていた瓶に詰めたところ、割れはしなかったが、空気は木製の栓と、封に使ったろうの隙間から抜けてしまった」

このあと、ソーダ水は合衆国において、科学的興味の対象から一般向けの商品へと変わる。この転身に大きく貢献したのが、イエール大学初の化学教授、ベンジャミン・シリマンだった。シリマンは新設の学部に必要な書籍と設備を集めるために、一八〇五年にヨーロッパに行き、そこでシュウェップとパウルがロンドンで販売していた瓶詰めソーダ水の人気に感銘を受ける。帰国後、自らも瓶詰めのソーダ水を作って友人たちに振る舞ったところ、すぐに評判を呼び、注文が殺到する。「現在手元にある手段では、ソーダ水への需要にすべて応えることはきわめて困難だと気づき、わたしはロンドンで見たのと同じように、これを大規模に製造する事業を始めることにした」と、シリマンは同僚に宛てた手紙に書いている。一八〇七年、シリマンはコネチカット州ニューヘブンで瓶詰めのソーダ水を売る商売を始めた。

ほかの都市にも、シリマンのあとを追う者たちが現われた。なかでも注目すべきはソーダ水を出す新しい方法、ソーダ・ファウンテンを考案した人物、フィラデルフィアのジョセフ・ホーキンスである。ホーキンスの狙いは、ヨーロッパの鉱泉場と、鉱泉の上にしつらえられた部屋――そこでは、天然の鉱水を汲み上げて、直接グラスに注ぐことができた――をまねることだった。一八〇八年、ホーキンスの鉱泉部屋の説明文には、次のように書かれている。「鉱水は地下の鉱泉または貯水槽から、なかに金属の管を通した垂直の木柱を通じて汲み上げられる。柱の先の栓をひねれば、水が出てくるので、瓶に詰める必要はない」。ホーキンスはこの発明で、一八〇九年に特許を取得している。ところが、鉱泉場のそれと同じような仕組みでソーダ水を売るというアイデアは、一般には不人気だった。ソーダ水業界を牛耳っていたのは薬局だった。一八二〇年後半までにはすでに、ソーダ・ファウンテン（訳註――蛇口のついたソーダ水の容器や売り場）はどの薬局でも普通に見られるほど普及していた。ソーダ水を瓶に詰めて売る代わりに、店先で作り、その場で客に出すスタイルが一般的になったのである（ただし、瓶詰めのソーダ水はヨーロッパから輸入もされており、サラトガの水を瓶詰めにして売る商売が軌道に乗ったのは一八二六年からである）。

ほかの多くの飲み物と同じく、ソーダ水も医薬品として登場した。もとは医薬品だったという事実が人々に安心感を与え、ついには清涼飲料水として広く普及するまでになったのである。一八〇九年には早くも、あるアメリカの化学書にこのような記述が見られる。「ソーダ水はまた、大変爽やかな飲み物でもある。とりわけ発熱と疲労のあとには最適である」。単独で飲むだけでなく、ソーダ水は発泡性のレモネードを作るのにも使われた――これが近代の発泡性飲料の始まりと言って、ほぼ間違いないだろう。ソーダ水はまた、一九世紀前半にはすでに、大西洋を挟んだいずれの大陸でもワインに加えて飲まれていた。あるイギリス人は「ワインに加えると、ワインだけを飲むよりもはるかに少量で、腹も舌も満足できる」と書いている――今日、ワイン・スプリッツアーとして知られるカクテルだ。やがて一八三〇年代から、とりわけ合衆国においては、ソーダ水の風味づけにシロップを使うのが主流になった。

『アメリカン・ジャーナル・オブ・ヘルス』は一八三〇年に、こうしたシロップは「飲み物の風味づけに利用され、とりわけ炭酸水を快適にする添加物として使われる」と書いている。最初、シロップはクワの実、いちご、ラズベリー、パイナップル、サルサパリラなどから手作りされていた。各シロップ専用のディスペンサーがソーダ・ファウンテンに取りつけられ、ソーダ・ファウンテンはなおいっそう手の込んだ作りになった。ソーダ水とシロップを冷やしておくために、氷の塊を入れるところもついていた。一八七〇年代になると、まるで巨大なからくり箱のようなソーダ・ファウンテンも登場する。一八七六年、フィラデルフィアで開かれた独立一〇〇周年記念国際博覧会に、ソーダ・ファウンテン界の大物でボストンを拠点に活動するジェームズ・タフツが、アークティック・ソーダ・ウォーター装置というソーダ・ファウンテンを出品した。これは全長三〇フィート（約一〇メートル）と、会場に訪れた人々を見下ろすほど背が高く、大理石と銀の調度と鉢植えの植物で飾られていた。横には純白の衣裳に身を包んだ給仕がつき、特別に設計された専用の建物に納まっていた。この博覧会への出品によって、タフツの高い創造性と見事なマーケティング手腕は広く知れ渡り、彼のアメリカン・ソーダ・ファウンテン・カンパニーには注文が殺到した。

この頃、ソーダ水ビジネスの大規模産業化も陰で始まっていた。イギリスのソーダ水業界の古参で、ニューヨークに移ってきたジョン・マシューズのようなビジネスマンたちのおかげである。最初、マシューズは自らソーダ水を製造・販売し、続いてソーダ・ファウンテンの販売を手がけていたのだが、息子（同じくジョン）がビジネスに加わって以降、新たな方向に事業を拡大する。発明家だった息子が、炭酸化から瓶の洗浄にいたるまで、ソーダ水ビジネスの全過程を自動化する専用の機械を開発し、他社への販売を始めたのである。一八七七年までに、マシューズの会社は一〇〇を越える特許を手にし、二万台以上の機械を販売していた。彼らのカタログには、合計一一四六ドル四五セントで、「ソーダ水、ジンジャーエールなどの製造から、コルク栓を使った瓶詰めに至るまで、必要品を一式提供いたします」と書かれている。「一式」とは、炭酸ガスを作る道具と原料、水を炭酸化するためのファウンテン二台、瓶詰め用機械、六〇〇ダースの瓶、風味づけ用のシロップ、そして着色料である。マシューズは自社の発明品をさまざまな博覧会に出品し、世界中で数多くの賞を獲得した。専用の機械が製造の各工程を受け持ち、瓶と栓の規格は標準化され、他社のそれと互換性があり、低コストで大量に生産された飲み物が広く大衆に支持される――まさに、アメリカの大量生産方式の典型だった。

事実、産業規模で生産され、富める者も貧しい者も等しく消費したソーダ水は、アメリカの精神を表わしていると受け取られた。一八九一年の『ハーパーズ・ウィークリー』には、作家で社会評論家のメアリー・ゲイ・ハンフリーズの次の発言が掲載されている。「ソーダ水の最大の長所で、これを国民的飲み物と呼ぶにふさわしい存在にしているのは、その民主性である。億万長者はシャンパンを、貧乏人はビールを飲むかもしれないが、どちらもソーダ水は口にするからだ」。だが、ソーダ水はアメリカの国民的飲み物と呼ぶにふさわしいという彼女の考えは、半分しか当たっていない。たしかにこの頃、新たな国民的飲料が誕生しつつあったが、ソーダ水はその飲み物の半分でしかなかったからである。

コカ・コーラ誕生の神話

一八八六年五月、ジョージア州アトランタの薬剤師ジョン・ペンバートンがある飲み物を発明した。コカ・コーラ社の公式説明によると、ペンバートンはなんでも直す修理屋で、頭痛薬を作ろうとしている最中に、原料のちょうどいい配合を偶然発見する。ある午後、裏庭で三脚炉にかけたかめのなかにさまざまな材料を入れて混ぜ合わせると、カラメル色の液体ができた。ペンバートンは近くの薬局に出向き、できた液体とソーダ水を合わせ、甘く、発泡性で、飲むと元気になり、ついには地球上の隅々にまで浸透することになる飲み物、コカ・コーラを作ったのだという。無論、真実はこれほど単純な物語ではない。

ペンバートンは、実際にはベテランの売薬製造業者だった。売薬はいんちき薬だったにもかかわらず、一九世紀後半のアメリカでは莫大な人気があった。こうした錠剤、軟膏、シロップ、クリーム、油のたぐいが売れたのは、ひとえに薬理学上の効果を宣伝効果が上回ったからである。無害なものもあったが、多くにはアルコール、カフェイン、アヘン、あるいはモルヒネが大量に含まれていた。売薬は新聞広告を通じてよく売れ、南北戦争後、退役軍人がこれに溺れるようになると、業界は一気に巨大化する。売薬の人気は、高いばかりで効き目のないことが多かった従来の薬に対する人々の不信感の表れだった。売薬は当時の人々にとって、新しい魅惑的な選択肢だったのである。珍しい材料を使っている、アメリカ先住民の医学知識にもとづいて作られている、などとうたい、宗教的、愛国的、あるいは神話的な含みのある商品名――「肝臓をなだめて、元気にしてくれるマンソンのパパイヤ薬」「モース博士のインディアンの根の薬」など――を付して売り出されたのである。

売薬の効能について荒唐無稽な主張をする生産者たちを止める手だてはなかった。たとえば、キッド博士が販売した不老長寿の薬エリクシールの宣伝文句は、「知られている限りすべての病」を癒し、「足の不自由なひとは、これを二、三度服用すれば、松葉杖なしで歩けるようになる。(中略)リューマチ、神経痛、さらには胃、心臓、肝臓、腎臓、血液、皮膚の病が、まるで魔法のように消える」というものだった。新聞社はこうした宣伝を掲載するにあたって、内容の信ぴょう性について広告主に問いただすことはしなかった。広告収入を手にできれば、それでよかったからである。実際、新聞業界の巨大化を可能にしたのは、こうした広告収入だった。一九世紀末にはすでに、新聞広告に占める売薬の割合は、ほかのどの商品よりも大きくなっていた。たとえば「筋肉痛」の緩和効果があるとうたわれたセント・ジェイコブズ・オイルの製造業者は、一八八一年、広告に五〇万ドルを費やしている。一八九五年までには、年間一〇〇万ドル以上を広告費にかける会社も登場している。

商標と広告、キャッチフレーズ、ロゴ、広告板の重要性にいち早く気づいたのは、ほかならぬ売薬業界の人々だった。一般的に、商品である薬の製造にはほとんどコストがかからなかったため、マーケティングに大金を投じるのは理にかなった戦略だった。こうしてたくさんの競合製品が市場にあふれたわけだが、利益を上げたのはそのうちのわずか二パーセントにすぎなかった、という説もある。しかし、成功を収めた製品は、その発明家たちに莫大な富をもたらした。とりわけ有名な商品の一つが、〝リディア・E・ピンカムのベジタブル・コンパウンド〟である。これは「痛みや衰弱といった、我々にとって深刻な、多くの女性が抱える身体の不調によく効く」薬で、「脱力感と鼓腸を消し去り、興奮性の飲食物に対する欲求をなくし、弱った胃を楽にする」と、うたわれていた。この薬の製造会社は顧客に対して、発明者の女性ピンカムに手紙を送れば、医学的アドバイスがもらえると宣伝した。一八八三年に彼女は死んだが、会社側は公表せず、死後もこのサービスは続けられた。ただし顧客が受け取るのはいつも、ピンカムの開発した薬をもっと服用するようにという、判で押したような内容の返事だった。二〇世紀前半の調査によると、この薬は一五〜二〇パーセントのアルコールを含んでいたという。皮肉なことに、この薬を最も熱心に服用したのは、禁酒を訴える女性運動家たちだった。

ペンバートンの売薬製造の試みは、成功と失敗の繰り返しだった。ときどき、たしかな利益を上げたこともあったが、一八七〇年代は不運続きだった。一八七二年、ペンバートンは破産宣告を受ける。その後、立て直そうと試みるも、二度の火災に遭い、在庫のほとんどを焼失してしまった。だがそれでも、いつか大金持ちになる日を夢見て、新しい売薬の開発は続けた。そして一八八四年、ついに光が見え始める。売薬の新たな材料として、コカの人気が高まったからである。

　コカノキの葉に刺激作用があることは、南アメリカの人々に古くから知られていた――コカノキは「インカの聖なる木」と言われていた。丸めて小さな粒状にした葉をかむと、アルカロイド成分のコカインが少量放出される。コカインには少量でも、カフェインと同じく精神を覚醒し、食欲を抑える働きがある。そのため、これをかんでいれば、食事や睡眠をほとんどとらなくても、アンデス山脈を歩いて越えることができた。この葉からコカインの分離に初めて成功したのは一八五五年で、以降、コカインはヨーロッパの科学者および医師から大きな関心を寄せられる。コカインを投与することで、アヘン中毒の治療に役立つのではないか、と考えられたのである（コカインにも中毒性があるとは気づいていなかった）。ペンバートンは医学誌に掲載されたコカに関する議論を熱心に読み続け、一八八〇年代にはすでに、彼と他の売薬製造業者はコカインを錠剤、内服液、軟膏に入れている。ペンバートンはフレンチ・ワイン・コカという飲み物を売り出し、この分野の急成長に貢献した。

　その名称からもわかるとおり、フレンチ・ワイン・コカはコカ入りのワインである。当時すでに、フランス・ワインにコカの葉を六ヵ月つけ込んで作るビン・マリアーニという売薬が人気で、ペンバートンの商品は後発の類似品の一つだった。ビン・マリアーニにはコカイン成分が多く含まれており、これを発明したコルシカ人、アンジェロ・マリアーニの優れたマーケティング手腕のおかげもあり、ヨーロッパと合衆国で大人気を博していた。マリアーニはローマ法王、米大統領、ビクトリア女王、発明家のトーマス・エジソンなど、著名人や国家のリーダーから、製品を推薦する手紙をもらい、一三冊からなる本にして出版もしている。ペンバートンはこのコカ入りワインの製法をまね、さらにコーラのエキスも加えた。西アフリカ原産のコーラノキ（訳註――コラの木、コラノキともいう）の種子は、コカと同時期にヨーロッパに紹介されたもので、人々はこれも魔法の薬なのではないか、と考えていた。コーラの種子には約二パーセントのカフェインが含まれているため、かむと刺激作用が得られたからだ。南米でコカの葉がそうだったように、コーラの種子は、北部のセネガルから南部のアンゴラまで、西アフリカの人々に古くから興奮剤として重用されていた。ナイジェリアのヨルバ族は宗教儀式にこの種子を使い、シエラレオネの人々はコーラの種子はマラリアに効くと誤解していた。一九世紀のアメリカでは、同様の作用があるということで、コカとコーラが売薬のなかに一緒に入れられることが多かったのである。

ペンバートンはマリアーニの製法だけでなく、その宣伝方法もまね、著名人からもらったお墨つきを利用して、自分の製品の優秀さを人々に訴えた。こうしてフレンチ・ワイン・コカの売り上げは伸び始めたのだが、ちょうど、ビジネスが軌道に乗り始めた頃、アトランタとフルトン郡議会は、一八八六年七月一日から試験的に二年間、アルコールの販売を禁止することを決議する。禁酒の気運が広まるなか、ペンバートンに必要なのは、非アルコール性の薬を早期に製造し、ヒット商品にすることだった。彼は自宅の研究室に戻ると、さっそく、コカとコーラを主原料とする、苦みを抑えるために砂糖を加えた「禁酒飲料」の開発に取りかかった。通常の売薬とは異なるものを作りたい、とペンバートンは考えていた。薬用のソーダ水に風味を加えるシロップとして売り出すつもりだったからである。完成に近づくと、ペンバートンはこれをまとめて近所の薬局に送り、ほかのシロップと並べて、客に提供させた。ときには、新製品の味に関する客の意見を知るために、甥《おい》に頼み、その薬局のそばをぶらぶらさせたりもした。

一八八六年五月までに、納得のいく製法が完成する。あと必要なのは名前だった。仕事仲間のフランク・ロビンソンが提案したのは「コカ・コーラ」という、二つの主原料名を並べただけの、ごく当たり前の名前だった。ロビンソンはのちに「二つCが並ぶと、広告で見栄えがするのではないかと思った」と語っている。当初のコカ・コーラは少量のコカ・エキスを含んでおり、そのため、微量のコカイン成分が含まれていた（コカイン成分は二〇世紀初めに取り除かれたが、コカの葉の他の成分は今でも入っている）。このように、コカ・コーラは素人が自宅の庭先でたまたま作ったものではなかった。いんちき薬のベテラン製造業者が、数ヶ月間苦労を重ねながら、新たな売薬の開発にじっくりと取り組んだ結果だったのである。

コカ・コーラの発明後、ペンバートンは第一線を退き、仲間のロビンソンに製造とマーケティングを任せている。一八八六年五月二九日の『アトランタ・ジャーナル』紙に掲載されたこの新しい飲み物の最初の広告文は、簡潔な、的を射たものである。「コカ・コーラ。美味しい！　爽やか！　楽しくなる！　元気になる！　ソーダ・ファウンテンの新ドリンク。素晴らしいコカノキと名高いコーラナッツの成分入り」。新ドリンクは、アトランタにおける禁酒法の試験的施行に間に合う

初期のキャップにつけられたコカ・コーラのロゴ。

ように発売された。このノンアルコール飲料の魅力は、ソーダ水の風味づけ用のシロップとしても、売薬としても売れることだった。ペンバートンは、薬局に出荷するシロップの容器のラベルに、次のような言葉を印刷させている。「この知的な禁酒飲料は、肉体を強壮にし、神経を覚醒させるコカノキとコーラナッツ成分を含んでいる。（ソーダ・ファウンテンのソーダ水、あるいは他の炭酸飲料に混ぜると）美味しくて、爽やかな、飲んだ者を明るく元気にする飲み物が作れる。しかも、これは脳の強壮剤であり、ひどい頭痛、神経痛、ヒステリー、憂鬱など、すべての神経性疾患の治療薬でもある。コカ・コーラの独特な風味は、万人の舌を満足させる」

ロビンソンはこの飲み物をさまざまな方法で宣伝した。たとえば、自社の株主にコカ・コーラの無料引き替え券を配ったのも、その一つだ。一度味を気に入ってもらえたら、以降、客としてたくさんの金を落としてくれるのではないか、と考えてのことだった。彼はまた、路面電車にポスターを貼り、ソーダ・ファウンテンには「コカ・コーラを飲もう。五セント」と書いた横断幕も張らせた。筆記体を用いた、あの特徴的なコカ・コーラのロゴを考えたのもロビンソンである。このロゴは一八八七年六月一六日の新聞広告に初めて登場している。こうした宣伝が実を結び、コカ・コーラ・シロップの薬剤師への販売量は、夏のソーダ・ファウンテンの最盛期に月間約二〇〇ガロン(約八〇〇リットル)、コーラおよそ二万五〇〇〇杯にものぼった。一八八七年一一月、アトランタ議会が禁酒法の試験的施行の中止を決めた頃にはすでに、コカ・コーラはその地位を確立していたのである。

コカ・コーラが順調なスタートを切ったにもかかわらず、ペンバートンの同僚たちは浮かない顔をしていた。コカ・コーラの名称と製法の所有権を巡って、激しい言い争いが数ヵ月間も続いていたからである。ペンバートンの売薬の権利を以前所有していたペンバートン・ケミカル・カンパニーの株は、転売を繰り返されており、だれがなんの権利を有しているのかよくわからない状態だった。しかも、ペンバートンは一八八七年七月に、コカ・コーラの自分の権利の三分の二をふたりのビジネスマンに売却していたため、事態はさらにややこしくなった。当時、ペンバートンは身体の具合が悪かったため、手っ取り早く現金を手にしたかったのだと思われる(この頃にはすでに、胃ガンの末期だった)。この取引はロビンソンに内緒で行われたのだが、事実を知ったロビンソンは、自分にもコカ・コーラの製法の使用権があると主張する。続いて、ペンバートンも新会社を立ち上げ、自らの権利を主張する。ペンバートンから権利を買ったビジネスマンはこれに幻滅し、結局、権利を第三者に売り渡している。

混乱を収めたのは、アトランタに拠点を置く売薬製造業者で、ロビンソンの弁護士と兄弟のエイサ・キャンドラーだった。キャンドラーはこの新しい飲み物に関する騒動の噂を耳にし、ロビンソンと手を組むと、ほかの関係者たちの買収を始める。しかし、問題は簡単には解決されず、一八八八年の夏、アトランタの薬剤師たちは競合する三社——キャンドラーとロビンソンの新会社、ペンバートンの新会社、そしてペンバートンに反旗を翻した息子チャーリーの会社——から、それぞれコカ・コーラの提供を受けていた。

一八八八年八月一六日にジョン・ペンバートンがガンで死亡したことにより、最終的にキャンドラーがコカ・コーラの権利を掌握することになる。キャンドラーはアトランタの薬剤師たちを呼び集め、感動的な、そしてきわめて不誠実なスピーチをした。ペンバートンはアトランタを代表する薬剤師のひとりだった、彼は素晴らしい男であり、我々の良き友だった。彼はそう声高に宣言し、さらにペンバートンの葬儀の日には、敬意のしるしとして全員店を閉めるべきだ、とまで言った。このスピーチと、葬儀当日に棺側つき添い人を務めたことで、キャンドラーは、自分ほどペンバートンのことを大切に思っている人間はいない、だからこそ自分のコカ・コーラが正真正銘の本物なのだ、と人々に信じさせることに成功したのである。生前のペンバートンと親友というのは、真っ赤なウソだった。だがその後、キャンドラーはある意味、最高の友になったと言っていいだろう。ペンバートンが今日、人々の記憶に残っているのは、すべてキャンドラーのおかげだからだ。エイサ・キャンドラーの尽力がなかったら、コカ・コーラがこれほど普及することはなかったに違いない。

万人のカフェインへ

コカ・コーラの権利をわずか二三〇〇ドルで手に入れたとき、エイサ・キャンドラーはこれを数ある売薬の一つとしか考えていなかった。ところが、売り上げは予想をはるかに上回るペースで伸び続け——一八九〇年には四倍増となり、八八五五ガロン（約三万五四二〇リットル）に達した——キャンドラーはついに、他の全製品を捨て、コカ・コーラのみに絞ることを決める。コカ・コーラの人気は群を抜いていた。一般的にはソーダ・ファウンテンのオフシーズンとされていた冬にも、コカ・コーラは売れた。キャンドラーはセールスマンを雇い、近隣の州の薬局を営業に回らせ、新規顧客獲得のために大量の無料券を配るなど、宣伝費を惜しまなかった。その結果、一八九五年末までに年間の売り上げは七万六〇〇〇ガロン（約三〇万四〇〇〇リットル）を越え、コカ・コーラはアメリカ全州で販売されるまでになったのである。「コカ・コーラは国民的飲み物になった」という誇らしげな文章が、キャンドラーの会社のニュースレターを飾った。

これほどの急成長が可能だった理由は、コカ・コーラ社がシロップ、つまり原液しか売らなかったことにある。彼らは原液にソーダ水を加えた完成品は扱わなかった。実際、コカ・コーラを瓶に詰めて売るというアイデアに、キャンドラーは強く反対していた。倉庫などに長く置いておくと味が落ちるのではないか、と心配したからである。完成品を扱わなかったため、新規の都市ないし州に進出する際には、地元の薬剤師と取引を終えたら、あとは原液と宣材（のぼりやカレンダーのほか、コカ・コーラ社の赤と白のロゴの入ったもの）を送るだけでよかった。アトランタはアメリカの鉄道網の中心地の一つだったため、物流にはなんの問題もなかった。それに、薬剤師たちは皆コカ・コーラが気に入っていた。儲かったからである。わずか一セント分の原液があれば、一杯五セントのコカ・コーラが作れ、差額はほぼすべて利益だった。一方、コカ・コーラ社が一杯あたりの原液を作るのにかかるコストは四分の三セントだったため、同社にとっても、売れるたびに、確実な儲けをもたらす商品だった。

プロモーションの方向性を転換し、あると言い続けてきた医学的効能に力点を置かなくなったことも、売り上げ増に貢献した。コカ・コーラは、一八九五年までは依然として医薬品として売られており、「頭痛の特効薬」などと称されていた。しかし、薬として販売することには、効き目があるとされる諸症状を訴える者だけにマーケットを狭めてしまう危険性がともなう。対照的に、たんなる清涼飲料水とすれば、万人にアピールできる――だれもが病気になるわけではないが、だれでも必ず喉は渇く、というわけだ。そこで彼らは、病名や症状を書き並べる辛気くさい宣伝に別れを告げ、もっと明るい、より直接的な方法を取り入れることにした。たとえば、「コカ・コーラを飲もう。おいしくて爽やかなコカ・コーラ」というように。それまでの宣伝では、頭痛薬ないしは強壮剤を求める、働きすぎの多忙なビジネスマンを対象にしていたのだが、同社はここで、女性と子供を新たなターゲットにする。偶然だが、この転換は絶妙のタイミングだった。一八九八年、売薬に税金が課されることに決まり、当初はコカ・コーラも課税対象に含まれていたからである。コカ・コーラ社はこれに異を唱えて争い、最終的に税金の免除を勝ち取る。コカ・コーラの位置づけが薬から清涼飲料水に変わっていたからこその勝利だった。

皮肉なことに、瓶詰めコーラの登場も、売り上げ増の一因だった。一貫してこの考えに反対していたキャンドラーだったが、一八九九年七月、ベンジャミン・トーマスとジョセフ・ホワイトヘッドという二人のビジネスマンに対して、コカ・コーラを瓶に詰めて販売する権利を認める。キャンドラーは当時、この契約を重要なものとは考えておらず、瓶詰めの権利料すら請求しなかった。瓶での販売がうまくいけば、原液がもっと売れるし、彼らが失敗したとしても、自分は痛くもかゆくもない。キャンドラーはそう考えたのだろう。だが、彼の予想に反して、瓶での販売は大成功を収める。瓶詰めにすることで、まったく新しい市場が開拓され、ソーダ・ファウンテンだけでなく、たとえばスーパーマーケットやスポーツ・イベント会場など、どこでも売ることができるようになったからだ。トーマスとホワイトヘッドはまもなく、権利を他者に売って見返りに収益の大半を受け取るほうが、自ら瓶詰めにするよりもはるかに効率的だということに気づく。そこで、彼らは実入りのいいフランチャイズ・ビジネスを始め、コカ・コーラを全米中のどこの市町村でも買えるようにした。一目でそれとわかる、あの独特な形をしたコカ・コーラの瓶は、一九一六年に初めて登場している。

特徴的な形のコカ・コーラのガラス瓶は、1916年に登場した。

瓶入りのコカ・コーラが人気になるのとほぼ同じ頃、売薬と有害な食品添加物および不純物の危険性に対する人々の懸念が大きくなり始めた。非難を指揮したのはハービー・ワシントン・ワイリーというアメリカ化学局の局長で、ワイリーはいんちき薬が子供に与える悪影響をとりわけ不安視した。ワイリーの長年にわたる働きかけは、一九〇六年の純正食品薬事法の通過によって報われる。一般にワイリー法として知られる法律である。当初、この新しい法はコカ・コーラにとって有利に働くように思われた。もっと怪しげなライバルたちが排除されていく一方で、コカ・コーラは実際、「純正食品薬事法の保証つき」と誇らしげな広告さえ打っている。ところが翌年、ワイリーはコカ・コーラの調査に着手すると発表する。カフェインが含まれている、というのがその理由だった。今や全米中で入手可能なコカ・コーラは、茶やコーヒーと違って子供たちにも飲まれており、一般の親はカフェインの存在に無知で、我が子が興奮剤を摂取していることに気づいていない、とワイリーは主張した。

ハイール・ベイが一五一一年にメッカでコーヒーを裁判にかけたのと同じく、ワイリーは一九一一年、コカ・コーラ社を相手に訴えを起こし（「合衆国対四〇樽と二〇小樽のコカ・コーラ裁判」）、大きな騒動となる。法廷では、キリスト教原理主義者たちがコカ・コーラの弊害を激しい口調で申し立て、コカ・コーラに含まれるカフェインは性犯罪を助長するといって、これを非難した。政府の研究機関の科学者たちはコカ・コーラの人体に与える影響について、うさぎと蛙を使った実験結果を述べた。これに対し、コカ・コーラ社が証人として立たせた専門家たちは、同製品を擁護する発言をした。一ヵ月におよぶ裁判の様子は、まるで舞台劇でも見ているかのようで、陪審員の選任手続きの不正に対する告発が起き、扇情的な報道が次々になされた。ある新聞には、「コカ・コーラ八本で、致死量のカフェイン」という完全に的外れの見出しも躍っている。この訴訟の問題は、論拠を科学的客観性ではなく、倫理性に求めたことにある。議論の的はあくまでも、この飲み物がとりわけ子供にとって有害かどうかという点に疑問を呈する者はだれもいなかった。カフェインを含む供に有害かどうかであり、科学的根拠はそれを否定していた。ちなみに、ワイリーは茶もコーヒーも禁止にはしていない。

結局、焦点はコカ・コーラ社が不当表示を行っているかどうか、そしてコカ・コーラは真に〝純正〟と言えるかどうかの二点に絞られ、最終的にコカ・コーラの主張を認める判決が下った。商品名は、カフェインを含むコーラが原料に使われていることを明確に表わしているため、不当表示にはあたらない。また、カフェインは当初からコカ・コーラの原料の一部であるから、添加物とは見なされず、したがってこれは真に〝純正〟である、とされた。ただし、判決の後半部分は上訴によってのちに覆されており、示談による和解が成立し、コカ・コーラのカフェインを半分に減らすということで両者は合意した。コカ・コーラ社はまた、広告に子供を使わないとも約束し、この方針は一九八六年まで守られている。いずれにしろ、同裁判の重要性は、これでコカ・コーラというカフェイン入りの飲み物の子供への販売が法的に認められた、という点にある。つまり、コカ・コーラはカフェインという世界一有名な興奮剤の摂取を、コーヒーや茶には手の届かなかった領域にまで見事普及させたのである。

コカ・コーラ社は広告に子供を描かずとも、子供たちに商品を売る手段をほかにいくつも考案した。なかでもとりわけ有名なのは、一九三一年に初めて登場した、サンタクロースがコカ・コーラを飲んでいる姿が描かれた楽しげなポスターだろう。一般には赤地に白い縁取りの服を着てひげを生やしているという今のサンタクロースのイメージが作られたのは、こうしたコカ・コーラのポスターの影響によるもので、服の色はコカ・コーラ社の赤と白のロゴに合うように意図的に選ばれたと信じられている。だが、これは間違いだ。実は、赤い服のサンタというイメージは、それ以前からすでに確立されていたのである。一九二七年一一月二七日づけの『ニューヨーク・タイムズ』に次のような記事が載っている。「ニューヨークの子供たちの頭のなかには、標準的なサンタクロース像がすでにできているようだ。（中略）身長、体重、ポーズまでほぼ変わらず、赤い服を着て、フードを被り、白いひげを蓄えた人物というイメージも同じだ。（中略）おもちゃの詰まった袋を下げ、頬と鼻が赤く、眉毛はぼさぼさ、全体に丸く、楽しげな雰囲気をかもし出すことも、サンタクロースに扮する際には欠かせない」。このように、コカ・コーラ社が行ったのはサンタのイメージ作りではない。彼らはサンタを広告に使うことで、子供の心に直接訴えかけ、コカ・コーラと陽気で楽しい雰囲気とを結びつけることに見事成功したのである。

アメリカのエッセンスの極み

一九三〇年代、コカ・コーラの牙城を揺るがしかねない三つの出来事が起きた。禁酒法の撤廃、一九二九年のウォール街の崩壊、そして好敵手ペプシコ・インクとライバル製品ペプシ・コーラの台頭である。一九二〇年の禁止以来となるアルコール飲料販売の合法化によって、コカ・コーラの売り上げに壊滅的な影響がおよぶだろう、と多くの人々は考えていた。「本物のビールと〝男のなかの男の飲み物〟であるウィスキーが合法的に手に入るのに、だれがあんな〝やわなもの〟を飲むだろうか？」――ある新聞記事は、読者に向かってそう問いかけている。「答えはわかり切っている。コカ・コーラ社は破滅への道をたどるのだ」。だが、蓋を開けてみると、禁酒法の廃止によるダメージはほとんどなかった。理由はおそらく、コカ・コーラがアルコール飲料とはまったく別のニーズを満たしていたからだろう。実際、コカ・コーラはそれまで以上に、さまざまな状況下で飲まれるようになっていた。

コーヒーに代わる社交のための飲み物として、コカ・コーラを口にする者もいた。アルコール飲料と違い、コカ・コーラは一日中、いつ——朝食時でさえ——飲んでもおかしくないとされた。もちろん、この飲み物は年齢を問わず、だれでも楽しむことができた。禁酒法の施行中、コカ・コーラ社の敏腕広報アーチー・リーは、ビールやその他のアルコール飲料をバーで飲むのではなく、明るく楽しい、家庭的な雰囲気を味わうための代替案として、そして不況という暗い現実から逃避するための一手段として、コカ・コーラをソーダ・ファウンテンで飲むことを奨励した。リーはまた、ラジオという新たなテクノロジーを宣伝ツールとしていち早く取り入れたり、数多くの映画にコカ・コーラを登場させてもいる——これもまた、コカ・コーラを現実とは違うどこか華やかなイメージと結びつける手段だった。コカ・コーラの広告には、つねに不安のない、楽しげな世界が描かれていた。その結果、コカ・コーラは世界恐慌のあいだも変わらずに売れ続けたのである。

「恐慌にも、天気にも、激しい競争にも負けず、コカ・コーラ需要の増大はとどまるところを知らない」——当時の投資アナリストの書いた文章だ。コカ・コーラは冬でも売れる暑い時期の飲み物、アルコール飲料に太刀打ちできるノンアルコール飲料、カフェインの摂取を一般に広めた飲み物、そして経済が下り坂でも人気が落ちない飲み物だったのである。一九三六年、コカ・コーラ社の創立五〇周年を祝う記念式典の席で、役員のハリソン・ジョーンズは次のような力強いスピーチで会を締めくくった。「この世は再び、黙示録の四騎士（征服、戦争、疫病、飢饉）の攻撃に遭うかもしれないが、コカ・コーラは不滅だ！」

また、コカ・コーラを普及させたこうした要因は、ライバルであるペプシ・コーラの台頭を促すことにもなった。ペプシ・コーラの誕生は一八九四年にまでさかのぼるが、ペプシコ社がコカ・コーラとまともに勝負ができるまでになったのは、二度の倒産の経験後、一九三〇年代にニューヨークのビジネスマンで、キャンディストアとソーダ・ファウンテン・チェーンのオーナー、チャールズ・ガスが社長になってからである。ガスは自分の店用にコーラを仕入れる代わりに、業績がふるわず苦しんでいたペプシコ社の経営権を買い、ペプシ・コーラを客に提供した。コカ・コーラ六オンス（約一八〇cc）と同じ値段（五セント）で、一二オンス（約三六〇cc）入りの瓶を売り出してから、ペプシ・コーラの売り上げは伸び始める。コストの大半は瓶詰めと流通費だったため、一本あたりの内容量を多くしてもコストはほとんど変わらなかった。同じ値段で二倍のサイズのペプシは、ふところが寂しい人々に大いに受けたのである。コカ・コーラ社はまもなく、ペプシ・コーラという商品名が商標権の侵害だとして、訴えを起こす。訴訟はずるずると長引き、いずれの会社のためにもならなかったため、一九四二年、示談による和解が成立した。コカ・コーラ社はペプシ・コーラという商品名の使用を認め、ペプシコ社はコカ・コーラのものとは明らかに異なる、赤、白、青のロゴを使用することになった。またこれで、〝コーラ〟はカフェイン入りの茶色い炭酸飲料の一般名称になった。結果的に、ライバルの存在は両社に利益をもたらした。ペプシコがいることで、コカ・コーラ社はいい意味で、つねに気を引き締めていなければならなかった。一方、ペプシ・コーラはコカ・コーラと同じ値段で倍の量を売るという手法でヒットしたわけだが、コカ・コーラがすでに市場を確立していなければ、当然、この手法は使えなかった。両社の争いには、活発な競争がいかに消費者に利益をもたらし、需要を拡大するかが如実に表れている。

一九三〇年代末には、コカ・コーラはかつてないほど強大になっていた。疑いなく、コカ・コーラはアメリカを代表する名物であり、売り上げ量は全米の炭酸飲料水全体の売り上げのほぼ半分を占めていた。コカ・コーラは大量に生産され、大量に市場に出回る商品であり、貧富の差にかかわらず、だれもが等しく口にできる飲み物だった。一九三八年、ベテラン・ジャーナリストで高名な社会評論家のウィリアム・アラン・ホワイトは、コカ・コーラは「誠実に作られ、広く普及し、長年向上を続けている。まさしく、アメリカを象徴するすべてのエッセンスの極みだ」と断言している。コカ・コーラはすでに合衆国を支配した。次は世界を、アメリカの影響力がおよぶあらゆる地域を席巻する番だった。

第12章

瓶によるグローバル化

一〇億時間前、人類が地球上に登場した
一〇億分前、キリスト教が誕生した
一〇億秒前、ビートルズが音楽を変えた
一〇億本前のコーラは、昨日の朝に飲まれた
——コカ・コーラ社CEOロベルト・ゴイズエタ(一九九七年四月)

世界中に派遣されたコカ・コーラ大佐

二〇世紀は、個々人がさまざまな形の抑圧に抗いながらも、政治、経済、生活の自由を獲得するために闘い続けた時代であり、同時に、戦争、大量虐殺、核による破滅の恐怖に彩られた時代でもあった。だが、最終的に二〇世紀は、政治、経済、生活のいずれにおいても、選択の自由を認められた

ときが最も幸福である、という考えに多くの人々が賛同して幕を閉じた。今や民主主義、消費者主義、そして根強く残るさまざまな差別を拒絶する姿勢は、全世界に普及している。もっとも、一飲料がこうした価値観をすべて体現するまでになったと言われたら、どうだろう。なにを馬鹿な思うかもしれない。しかし、それこそまさに、二〇世紀後半に起きたことである。人間は個人の自由を求めて戦うという姿勢を最も顕著に体現した国家は合衆国だった。そして、その価値観は国民的飲料であるコカ・コーラと分かちがたく結びつくまでに至っている。

第二次世界大戦のぼっ発時、コカ・コーラは合衆国以外の数ヵ国で販売されていた。だが、この飲み物が本当の意味で世界的ブランドになるのは、アメリカが長いあいだ守り続けた孤立主義政策を捨て、世界の超大国への第一歩を踏み出してからだった。ジョージ・ワシントンは一七九六年の退任表明で、「海外のいかなる国とも恒久的な同盟関係を結ばないことが、我が国の真の主義である」と宣言しており、一九世紀を通じて、合衆国はこの方針を守り続けた。例外的に、第一次世界大戦中、ドイツ・オーストリアと争うヨーロッパ諸国に肩入れしたが、多くのアメリカ人はこれを誤りだと考えた。一九三〇年代、孤立主義者たちは、アメリカは今後ヨーロッパのいかなる紛争にも干渉すべきでないと訴えている。しかし、一九四一年一二月の日本による真珠湾攻撃を契機に、合衆国は第二次世界大戦に参戦し、その孤立主義政策に永遠に終止符を打った。アメリカは軍隊――軍人の合計は一六〇〇万におよぶ――を世界へと送った。そしてコカ・コーラもまた、彼らとともに世界へ送られたのである。

アメリカが軍事態勢に入ると、コカ・コーラ社社長のロバート・ウッドラフは「たとえどこで戦っ

第二次世界大戦中のコカ・コーラの広告。

ていようとも、また我が社にどれだけ負担がかかろうとも、軍服を着たすべての者が五セントの瓶入りコカ・コーラを飲めるようにしろ」と命令した。コカ・コーラはすでに兵士たちのあいだで人気の飲み物で、元気が出るノンアルコール飲料として、演習時に支給されていた。我が社は軍へのコカ・コーラの支給に熱心であると広く宣伝すれば、さらなるイメージアップにつながる。コカ・コーラを愛国心および戦争支持の姿勢と結びつけることができる——

彼らはそう考えたのだろうが、そんな思惑とは無関係に、本国から遠く離れた基地の人々は純粋にコカ・コーラを歓迎した。コカ・コーラは懐かしい故郷を思い出させてくれる品であり、兵士のモラル維持に役立ったからだ。

「この緊急時中、御社が支給を続けられることを切に願っております」。ある将校はコカ・コーラ社に宛てた手紙に書いている。「コカ・コーラは兵士のモラル作りに欠かせない品として分類されるべきだと、我々は考えております」。同様の内容の何通もの手紙を証拠として携えて、コカ・コーラ社はワシントンの議員らに熱心に働きかける。その結果、陸軍の強い支持もあり、コカ・コーラは不可欠な軍需品として認められ、同社は一九四二年、砂糖の配給制の適用を免除される。これにより、配給制のせいでライバルの清涼飲料水メーカーが生産量を半分に落とすことを余儀なくされる一方で、コカ・コーラ社は従来どおり生産を続けることができた。

ただし、軍需品として認められたのはいいが、コカ・コーラの瓶を世界中に散らばる軍の駐屯地まで船で輸送するのは非効率的にすぎた。第一、限られた船腹を瓶に独占させるわけにはいかない。そこで、軍は基地内に瓶詰め工場とソーダ・ファウンテンを作り、コカ・コーラの原液だけを出荷させることにした。この決定を受けて、工場の機械を設置、操作するためにコカ・コーラの社員が基地に派遣される。彼らは航空機や戦車の整備士と同じく、軍に欠かせないきわめて重要な存在として扱われた。「技術顧問（T・O）」として特別待遇を受け、軍の階級も与えられたため、「コカ・コーラ大佐」とも呼ばれた。この戦争中、アメリカ軍のために世界各地に六四の瓶詰め工場が建てられ、およそ一〇〇億本／杯のコーラが消費された。技術顧問たちは、ジャングルにも持って行けるようにと、携帯可能な小型のディスペンサーを、さらには潜水艦の狭いハッチを通り抜けられるようにと、細型のディスペンサーも開発した。また、各地で生産されたコカ・コーラは、海外の米軍基地の近くに暮らす民間人にも飲まれ、多くがその味に惹かれた。こうして、ポリネシア人からズールー族まで、世界中の人々がコカ・コーラを初めて口にすることになったのである。

コカ・コーラ社の資料室に保管されている数百通もの手紙を読むと、米兵たちがコカ・コーラにどれほど強く自国を感じていたのか、そしてコカ・コーラがなにを象徴していたのかがよくわかる。「自分がこのひどい混乱のなかにいるのは、我が国が市民に約束する無数の利益の保持に尽力するためだが、コークを飲む習慣を守るためでもある。（中略）もうすぐ皆で勝利を祝い、コークで乾杯できますように」と、ある兵士は書いている。「なんのために戦っているのかと訊かれたら」と、別の兵士は家族に宛てた手紙に書いている。「ぼくらの半分はきっと、またコカ・コーラを買うために、と答えるだろう」。母国から遠く離れた戦域では、コカ・コーラはきわめて貴重だったため、特別なときのために大切に保管されたり、驚くほど高い値段で売られたりした。ソロモン諸島では一本五ドル、カサブランカでは一〇ドル、アラスカではなんと四〇ドルの値がついた。太平洋戦域のパイロットだったロバート・スコットは、日本の戦闘機を五機撃墜した褒美にコーラを一本もらったが、自分にはもったいなさすぎて飲めないと思い、以前負傷した際に手術をしてくれた外科医に贈ったという。

米軍のコカ・コーラ熱は、階級の低い兵士だけではなく、上層部にも広がった。ダグラス・マッカーサーやオマー・ブラッドリー、ジョージ・パットンといった将軍たちもコカ・コーラを好んだ。なかでも熱狂的に支持したのが、欧州における連合軍最高司令官、ドワイト・D・アイゼンハワー将軍だった。一九四三年六月、北アフリカにおける連合軍の軍作戦を指揮した際、アイゼンハワーは本国に電報を打ち、詳細な要求をしている。「瓶詰めしたコカ・コーラ三〇〇万本と、その倍のコカ・コーラを毎月、瓶詰め、洗浄し、蓋のできる機材一式を至急送れ。機材は、一〇箇所に設置できるよう、一日に二万本生産可能なものが一〇セット必要。六〇〇万本の詰め替え用の原液とキャップも送れ」。それから半年も経たないうちに、北アフリカでコカ・コーラの生産ラインが稼働する。翌年、ノルマンディー上陸作戦の決行後、連合軍の部隊が西ヨーロッパに進行すると、コカ・コーラもすぐにあとを追う。ライン川を越える作戦では、「コカ・コーラ」は米軍の暗号にさえなった。

コカ・コーラ社は、自社の製品が遠く異国の地で戦う軍人たちに不可欠な存在になっているという点を、プロモーションに積極的に利用した。一九四二年、北アフリカでの戦闘が激化していた当時の広告は、軍服姿の兵士が砂漠でコカ・コーラの看板に出会い、「友よ、元気かい？」の文字を目にする、というものだった。水兵たちが船でコカ・コーラを飲んでいる姿を描いたポスターには、「アメリカの軍艦がどこへ行こうとも、アメリカのライフスタイルは変わらない……もちろん、コカ・コーラも一緒さ」と書かれていた。大げさに聞こえるかもしれないが、まさしくそのとおりだったのである。

反対に枢軸国のドイツと日本は、合衆国のすべてが間違っており、コカ・コーラはその顕著な一例である、と非難した――もっとも、両国とも戦争以前からコカ・コーラを販売しており、特にドイツでは大変な人気だったのだが、こうした都合の悪い事実は無視した。ナチスの情報宣伝部は「アメリカが世界の文明に貢献したのは、チューインガムとコカ・コーラだけだ」と言って嘲笑し、日本軍は「我々はコカ・コーラとともにアメリカ社会の病原菌を輸入した」と発言している（訳註――コカ・コーラは日本では大正時代に明治屋により輸入販売されたが、敗戦後、GHQの指示で工場が設けられ、国内での生産が始まった）。

一九四五年の連合軍の勝利後も、復興期の三年間、米軍は瓶詰め工場の操業を続けた。その後、民間に手渡すのだが、この頃にはすでに、米軍のおかげで世界中に広まったコカ・コーラは、南極大陸を除き、地球上の全大陸で確固たる地位を築いていた。あるコカ・コーラ社役員の発言にあるように、第二次世界大戦のおかげで「コカ・コーラの素晴らしさが、ほぼ全世界で認められた」のである。

冷戦《コールド・ウォー》とコーラ戦争《ウォー》

コカ・コーラにはまった人物のなかで最もらしくないのは、おそらくソ連の偉大な軍事リーダー、ゲオルギー・コンスタンティノヴィッチ・ジューコフ将軍だろう。ドイツ軍の攻撃からロシアを守り、のちにベルリンに攻め入ってドイツを降伏させた人物である。ちなみに、ジューコフは大胆にも、残忍な独裁者ヨシフ・スターリンに異を唱えた数少ない人物の一人として知られている。彼は国民的英雄として人気が高かったため、さすがのスターリンにも排除できなかったという。ジューコフは戦後のドイツ分割についての交渉中、アイゼンハワーに勧められたコカ・コーラをいたく気に入った。しかし、とりわけアメリカとの競争が激化するなか、アメリカの価値観を象徴する飲料を楽しんでいる姿をひとに見られるわけにはいかない。そこで、ジューコフは変わった注文をする――コカ・コーラをロシアの伝統的な飲み物であるウォッカに見えるように、無色透明にできないだろうか？　ジューコフの要望はコカ・コーラ社に伝えられた。政府の正式な要請を受け、ハリー・トルーマン大統領の承認ももらい、社は無色透明のコーラを作り、ジューコフに送った。このコーラは特別にデザインした円筒形の瓶に詰め、白いキャップで蓋をし、ラベルとして赤い星のマークをつけた。

一九四八年、国連誕生によって生じた戦後の高揚感はすでに失せており、ソ連はベルリン――分割後のヨーロッパの、ソ連側に属する西側の小さな足場だった――を封鎖し、合衆国に対する敵意をむき出しにする。これに対し、合衆国をはじめとする西側諸国は、ソ連が封鎖を解くまで、一年にわたって二四時間体制で西ベルリンへの物資の空輸を続ける。そして、一九四九年の北大西洋条約機構（NATO）によって合衆国とヨーロッパ諸国との同盟が成立し、これに対抗してソ連がワルシャワ条約機構を設立すると、数十年におよぶ冷戦という軍事的膠着状態の舞台が整った。この間、両連合がたがいの影響力を競い合い、直接対決こそなかったが、世界各地で代理戦争を繰り広げるなか、コカ・コーラはアメリカだけでなく、自由、民主主義、自由市場を基盤とする資本主義という西側の価値観全体と結びついていく。共産主義者のあいだでは逆に、コカ・コーラは資本主義のあらゆる間違いの代表であり、経済の基本原則とは往々にして取るに足らない消費者の需要を満たすこと、という考えの正しさを証明するものとみなされた。一九四八年度のコカ・コーラ社の総会で掲げられたプラカードの文章に、この対比が端的に表われている――「共産主義者について考えるとき、我々の頭には鉄のカーテンが思い浮かぶ。だが、共産主義者が民主主義について考えるとき、彼らの頭に思い浮かぶのはコカ・コーラだ」

一九四〇年代後半、コカ・コーラ社は海外事業を急速に拡大し、一九五〇年には、海外収益が収益全体の三分の一を占めていた。ちょうどその頃、共産主義との闘いが世界中に広がるなか、アメリカは資本主義国のリーダーとして政治的影響力をますます増大させ、ヨーロッパ再興計画マーシャルプランも計画・実行する。その結果、アメリカの影響力の増大に反対し、マーシャルプランを、形を変えた帝国主義だと非難する者たちは、コカ・コーラをやり玉に挙げ、その怒りをぶつけた。「コカ・コロナイゼーション（コカ・コーラによる植民地政策）」と最初に言いだしたのは、フランスの共産主義支持者だった。彼らはアメリカの動きを非難し、新たな瓶詰め工場の建設に反対する激しい抗議運動を起こす。工場の建設によって、フランスのワインおよびミネラル・ウォーター産業に悪影響がおよぶ、というのがその言い分だった。また、コカ・コーラは有毒だと訴え、販売禁止も求めている。当然、アメリカからは激しい抗議の声が上がり、新聞各紙の社説でも我が国に感謝の意を示さないのなら、マーシャルプランを即刻打ち切るべきだ、という主張がなされた。コカ・コーラ社の役員は、フランスに自由をもたらしたのはアメリカ兵であり、彼らの健康にコカ・コーラはなんの悪影響もおよぼさなかった、と指摘した。すると、今度はフランスの新聞各紙がこれに反論し、たとえば『ル・モンド』はコカ・コーラの氾濫によって「フランスの道徳的景観が侵されようとしている」と警鐘を鳴らしている。反対派がコカ・コーラを積んだトラックをひっくり返し、瓶を粉々にするという事件も起きた。だが結局のところ、フランスのコカ・コーラに対する抗議運動は、大勢にほとんど影響しなかった。実際、コカ・コーラ社は無料《ただ》で巨大な宣伝効果を上げられたうえ、異国情緒にあふれた禁断の飲み物という付加価値まで手にできたのである。

他の諸国でも、同様の抗議運動が起きた。共産主義の活動家たちは、コカ・コーラは身体に毒であるばかりか、コカ・コーラのせいでアメリカ文化の価値観が広まり、ヨーロッパ諸国が汚染されてしまう、と主張した。ビール醸造業者、ミネラル・ウォーター業者、清涼飲料水の製造業者など、共産主義者の反コカ・コーラ運動を歓迎する人々もこの意見を支持した。オーストリアの共産主義者は、オーストリアのコカ・コーラの瓶詰め工場は、いつでも核爆弾の製造工場に早変わりする、というデマを流した。イタリアの共産主義者は、コカ・コーラを飲むと子供の髪の毛が一晩で真っ白になる、と主張した。しかし、コカ・コーラ社はこうした挑発にいっさい乗らなかった。実際に飲んでもらえれば、必ずや消費者を納得させることができるという信念のもと、彼らはただ黙々と、海外の瓶詰め工場とフランチャイズ契約を結んでいったのである。また、社長のロバート・ウッドラフは、コカ・コーラは「資本主義のエッセンス」であると発言している。この言葉にこそ、共産主義者の敵意の理由が集約されていたわけだが、コカ・コーラの人気が全世界で高まるにつれて、ばかばかしい主張——たとえば、コカ・コーラを飲むとインポテンツになる、ガンになる、不妊症になる——を唱える騒ぎは、徐々に収まっていった。

一九五九年、米副大統領リチャード・ニクソンは、アメリカ博覧会に出席するためにモスクワを訪れた。会場ではソ連のニキータ・フルシチョフ首相と論争になり、たがいを誹謗《ひぼう》したのだが、ペプシコのPR作戦の一環で、ニクソンはフルシチョフにペプシをそのスタンドの前で一緒に飲む姿を写真に撮らせている。ところが、コカ・コーラ社が一九六五年にロシア——鉄のカーテンの向こう側には、巨大な可能性を秘めた市場が広がっていた——での事業計画の検討に着手すると、この行動が米国民の反感を買う。共産国では私企業は認められないため、ソ連政府がコカ・コーラ社のパートナーを務める。すると、コカ・コーラ社が上げた利益は当然、ソ連の金庫に流れること

米副大統領リチャード・ニクソンとソ連首相ニキータ・フルシチョフ。
1959年モスクワで開かれたアメリカ博覧会のペプシのスタンド前にて。

になる。ベトナム戦争が激化していたこともあり、批評家たちは、コカ・コーラは実質的に共産主義の敵国を援助することになるとして、これを非難したのである。コカ・コーラ社は、すぐさま計画を放棄した。

これでペプシに道が開けた。一九六二年、ニクソンはカリフォルニア州知事選挙に落選後、ペプシコ・インクの法律事務所に入り、同社の海外大使になる。ペプシは反共産主義の汚名を着せられていなかったため、コカ・コーラよりも鉄のカーテンの向こう側に入りやすかった。一九六五年、ペプシコはまずルーマニアで操業を始め、ニクソンの尽力でロシアでも販売を開始、七二年には同国における独占販売権も認められた。一方のコカ・コーラ社も、一九八〇年、進出の足がかりをつかんだかに見えた。同年開催のモスクワ・オリンピックの公式飲料にコカ・コーラが選ばれたからである。ところが、ソ連のアフガニスタン侵攻を理由に、ジミー・カーター大統領はオリンピックへの参加のボイコットを表明、コカ・コーラはまたもや、ソ連進出を阻まれてしまった。

しかし、ここでソ連圏への事業拡大に失敗したことが、結果的にはコカ・コーラに有利に働くことになった。一九八九年にベルリンの壁が崩れ、続いて東ヨーロッパの共産主義体制が崩壊し、一九九一年にはソ連が消滅する。ベルリンの壁を越えて西側に流入した東ドイツの人々は、コカ・コーラで歓迎された。「我々はやってきた人々をバナナ、コカ・コーラ、花など、西側の消費者主義の味がするもので歓迎した」という西ドイツ人の証言もある。東ドイツ人は、西ベルリンのコカ・コーラの瓶詰め工場から直接、箱単位で買うために行列を作った。東ベルリン住民がとりわけ熱心に買い求めたのは、ハイ・ファイ機器、テレビ、冷蔵庫、そのほかの消費者製品、そして箱入りのコカ・コーラだったのである。こうなるとペプシにとって、鉄のカーテンが敷かれていた当時の人気はマイナスだった。ペプシは古い体制の名残を示す国内ブランドで、一方のコカ・コーラは異国の香りがする外国ブランドだと、消費者の多くが思ったからである。コカ・コーラを飲むことは自由の象徴となった。こうして、一九九〇年代半ばまでに、コカ・コーラはペプシを追い抜き、旧ソ連圏で最も人気のコーラになったのである。

アラブ市場への進出とボイコット運動

中東でも、アメリカの価値観を代表するコカ・コーラに対して強い反発が起きた。問題は一九六六年に発生する。コカ・コーラ社は広いアラブ市場におけるビジネスを保護するために、イスラエルの清涼飲料水市場への進出を避けていると、イスラエルのビジネスマンが言いだしたのである。たしかに、アルコール飲料が禁制で、気候の暑いアラブ世界は有望な市場であり、この地域での年間収益はおよそ二〇〇万ドルにのぼっていた。そこで、コカ・コーラ社は一九四九年にイスラエルに瓶詰め工場を建設しようとしたが、同政府が許可しなかったのだ、と反論した。また、いずれにしろイスラエル市場は小さすぎて、経済的に進出する価値がないとも主張した。だがもしそうならば、キプロスというもっと小さな市場でなぜ事業を展開しているのか？　批評家たちはこの発言に疑問を呈した。結果、ユダヤ人差別に対する非難の声が高まり、マンハッタンのマウント・サイナイ病院やコニー・アイランドのネイサンズ・フェイマス・ホットドッグ・エンポリウムなどのアメリカのユダヤ系組織が、コカ・コーラのボイコット運動を始めた。

これに対して、コカ・コーラ社はテル・アビブのイスラエルの瓶詰め工場をフランチャイズ化すると発表した。すると、今度はアラブ連盟が不満を表明し、加盟国にコカ・コーラのボイコットを呼びかける。コカ・コーラ社が引き下がらなかったため、一九六八年八月、ついにボイコットが実施された。社はアラブ市場を手放すという、実利を重んじる決断を下した。もしも自国でユダヤ系の団体による反対運動が起きれば、比較にならないほどの大損害を被る、と考えたからだ。結果的に、コカ・コーラはまたしてもアメリカの海外政策に足並みをそろえることとなった。一方、ペプシはこの機会を利用してアラブ市場に参入する。ただし、イスラエルには手を出さなかったため、これをユダヤ人差別と受け取った一部のアメリカの消費者を失うことになった。

一九八〇年代後半になり、アラブ諸国のコカ・コーラのボイコット運動がようやく収まると、コカ・コーラはエジプト、レバノン、ヨルダンをはじめ、アラブ市場への進出を始める。なかでもとりわけ、サウジアラビアはなんとしても食い込みたい市場だった。サウジアラビアはペプシの海外市場として、カナダ、メキシコに次ぐ第三の規模を誇っていたからである。一九九一年の湾岸戦争時、コカ・コーラは冷蔵トラックに積まれてサウジアラビアに駐屯中の米軍に送られたが、現地に五つの工場を持つペプシには太刀打ちできなかった。中央軍司令官として多国籍軍の指揮を取り、イラク軍をクウェートから撤退させたノーマン・シュワルツコフ将軍が休戦協定にサインする際、脇にはペプシの缶が置かれており、世界中の視聴者がその映像を目にした。そこでコカ・コーラ社は、あえてサウジ市場に力を注ぐ作戦に出る。ペプシを守勢にまわし、他の市場における競争力を弱めるためだった。

コカ・コーラというアメリカ産清涼飲料水への攻撃を通じて反アメリカ主義を表明するという姿勢は、二〇〇三年のイラク戦争までに、ほかにもいくつかの地域で具体的な行動として表われている。タイのイスラム教徒の若者たちは、アメリカ主導による侵略に抗議して、コカ・コーラを次々に地面にぶちまけた。反アメリカを唱える抗議運動が盛り上がり、コカ・コーラの売り上げは伸び悩んだ。また、中東では各国が独自に生産するコーラが人々に受けた。たとえば、イランの元ペプシの提携会社が生産した「イスラム教徒のコーラ」、ザム・ザム・コーラは、イラン、カタール、バーレーン、サウジアラビアでヒットし、発売一週目で四〇〇万缶も売れた。ヨルダン川西岸で生産されたスター・コーラは、アラブ首長国連邦で人気を博した。実際、コカ・コーラと合衆国を同一視する姿勢は、こうした反対派だけではなく、賛成派にも根強く残っている。たとえば二〇〇三年四月、米軍はバグダッドのサダム・フセイン宮殿を占拠した際にバーベキューを行い、ハンバーガーとホットドッグを食べ、そしてもちろんコカ・コーラを飲んだのである。

二〇世紀を象徴する飲み物

コカ・コーラはアメリカを連想させる飲み物であると同時に、単一の世界市場化、つまりグローバル化へと向かう流れを代表する商品でもある。グローバル化の賛成派は、貿易障壁や関税のほか、自由な国際交易の障害物の廃止が、富める国も貧しい国も等しく財政を潤すための最良の方法だと主張する。たとえば、発展途上国に工場を建てることで、裕福な国は生産コストを下げることができる。また、貧しい国に店舗を建てることで、人々の働き口を作り、経済を活性化できるのだと。これに対して反対派は、それでは賃金も地位も低い職を作るだけで、搾取と変わらないうえ、多国籍企業が海外に業務を移すと、労働・環境に関する規制の緩さを悪用されてしまう、と反論する。議論は激しさを増す一方だが、よく耳にする苦言が一つある――グローバル化は多くの企業が競い合いながら世界中にその触手を伸ばすことで成り立っており、それは形こそ違うが、実際には帝国主義となにも変わらない、というものだ。グローバル化反対派は、世界でただ一つの超大国である合衆国が、兵士と爆弾ではなく、文化と企業とブランドを使って他のあらゆる地域を侵略しようとしていると訴える。とりわけやり玉に挙げられているのが、マイクロソフト、マクドナルド、そしてコカ・コーラだ。

単一の製品として、コカ・コーラほど如実にグローバル化を体現しているものはない。ペプシとの地球規模の闘いは世界各地で今も続行中で、新たに中国が戦場となっている。もっとも、中国が巨大市場なのは間違いないが、あくまでもそこはコカ・コーラ社が業務を行う二〇〇以上の地域――国連の加盟国数より多い――の一つにすぎない。コカ・コーラは現在、世界で最も有名な商品であり、その名称は「オーケー」に次いで世界で最も多くの人間が理解する共通語だと言われている。普及度、注目度、認識度に関して、コカ・コーラ社に肩を並べられる企業は存在しない。『ビジネス・ウィーク』誌が毎年発表する世界で最も価値あるブランドの一覧において、コカ・コーラはつねに上位にランクされている。

だが、たとえ世界一強力なブランド力を持つコカ・コーラといえども――グローバル化反対派の主張とは異なるが――消費者を洗脳し、欲しくない物まで買わせるのは不可能だ。一九八五年、コカ・コーラ社はペプシに似た、より甘い飲料、ニュー・コークを発売したが、結果は悲惨なものだった。消費者はこの新製品にまったく寄りつかず、売り上げはがた落ちし、数週間もしないうちに、社は従来品をコカ・コーラ・クラッシックと称して再発売することを余儀なくされた。アメリカを代表する商品に余計な手を加える試みに、彼らは自らピリオドを打ったのである。

コカ・コーラはまた、有力な世界的ブランドが消費者の不利にではなく、いかに利益になるかを示す例でもある。コカ・コーラの名称とロゴは、世界中どこへ行っても均一な品質を約束するという、同社による保証書だ。七〇〇億ドルの価値があるとされる巨大ブランドを抱えるがゆえに、同社は評判と商品の品質は絶対に落とせない、さもないと世界中の顧客を失ってしまう、という危機感をつねに抱いている。世界的ブランドを守りたいという強い思いがコカ・コーラ社を作ったといっても過言ではない。その思いがあるからこそ、多くの大企業がそうであるように、悪評に対して厳重に注意を払い、ほかとは比較にならないほど強い責任感を抱いている。国内ブランドである企業の場合、外国の人々がどう思うかを気にかける必要はないが、世界的ブランドを抱える企業の場合、そうはいかない。

一九九七年の『エコノミスト』誌の分析によると、各国におけるコカ・コーラの消費量——国のグローバル化の程度を計る目安——は、豊かさ、生活の質（国連が定めた基準による）、社会的・政治的な自由度と相関関係にあるとし、「発泡性の巨大市場向け製品——つまり、資本主義——は、人々のためになる」と結論づけている。もちろん、コカ・コーラさえあれば富と幸せと自由が倍増する、ということはない。だが、消費者主義と民主主義の広がりにあわせて、この茶色い炭酸飲料が世界中に普及していっているのは事実である。

今日、合衆国で最も多く飲まれているのは炭酸入りの清涼飲料水で、飲み物全体の消費量の三〇パーセントを占めている。単一企業では、コカ・コーラ社が最大の供給者だ。地球規模でみると、コカ・コーラ社は人類全体が消費する飲み物の三パーセントを供給している。コカ・コーラは二〇世紀を、そして二〇世紀とともに起きたすべての出来事——合衆国の台頭、共産主義に対する資本主義の勝利、グローバル化の進行——を象徴する飲み物である。ひとによって好き嫌いはあるだろうが、その魅力の広がりはだれにも否定できないだろう。

エピローグ

原点回帰

エピローグ

原点回帰

水は限りある天然資源であり、人々の生命と健康の基盤である。水を得る権利は、人としての尊厳を持ちながら健全な生活を送るために必要不可欠であり、その他の人権を実現するための必須条件である。

——国連・経済的、社会的、文化的権利に関する委員会（二〇〇二年）

六つの飲み物が人類の歴史を形作ってきた。では、未来を代表する飲み物はなんだろうか？　最有力候補が一つある。歴史を形成してきた他の飲み物と同じく、これも今日、巷で大流行中であり、医学的論争の的となり、多くの人には気づかれていないが、実に広範囲にわたる地政学的な重要性を持っている。その供給力次第で、地球上における、いや、ひょっとしたら地球外における人類の行く末さえ決まる。また、これは皮肉なことに、太古の昔、人類に発展への第一歩を踏み出させた飲み物でもある。その飲み物とは——そう、水だ。人類の飲み物の歴史は、ここにきて原点に戻ったのである。

一見すると、原点回帰は喜ばしいことのように思えるかもしれない。新石器時代にビールが流行し始めた頃から、水以外の飲料の魅力は第一に、水よりも汚染の危険性が低いことにあった。真水を十分かつ継続的に供給するという、何世紀にもわたって人間を悩ませ続けてきた問題の解決に本格的に立ち向かうことができるようになったのは、水の汚染に関する微生物学的根拠が解明され始めた一九世紀のことだった。過去の人々は、水に代わるものを、ということでほかの飲み物を選んだわけだが、今日では、水の浄化やその他衛生面の改善などによって、水質汚染問題に真正面から取り組むことができる。ならば、水人気の高まりはすなわち、水質汚染の危険性がついに消えつつある、ということを意味しているのだろうか？ いや、現実はそんなに単純にはいかない。実際、水に対する態度の違いほど、先進国と発展途上国の差を明確に表わしているものはない。

ペットボトルなどの容器入り飲料水の売り上げは、現在急速に伸びている。こうした飲料水の消費が特に多いのは、水道水の供給量も安全性も十分に確保されている先進国である。その世界一の消費国はイタリアで、一人あたり年間平均一八〇リットルを飲むという。これを僅差で追うのが、フランス、ベルギー、ドイツ、スペインだ。世界の容器入り飲料水産業の二〇〇三年の収益は約四六〇億ドルと莫大で、しかも消費量の一年の伸び率は一一パーセントと、ほかのどの飲料もかなわない成長ぶりを見せている。レストランでは、しゃれた容器に入った高額の水が出され、スーパーモデルたちが始めた小さなペットボトル入りの水を携帯するという習慣は、今や一般層にまで普及している。合衆国のガソリン・スタンドに行ってみれば、同量のガソリンよりもこうした飲料水のほうが高いことに気づくだろう。フランス産からフィジー産にいたるまで、特定の水源のミネラル・ウォーターが、世界中から消費者のもとに届けられているのである。

この人気の根底にあるのは、容器入りの飲料水が水道水よりも健康によいという人々の思いこみなのだが、少なくとも先進国の場合、安全性は水道水も変わらない。たしかに、ときには水道水に汚染の恐れが生じることもあるが、それは容器入りの飲料水でも同じである。『アーカイブス・オブ・ファミリー・メディシン』に掲載された研究発表によれば、容器入りの飲料水とオハイオ州クリーブランドの水道水を比較したところ、サンプルとして用いた容器入りの飲料水の四分の一に、水道水よりはるかに多くのバクテリアが含まれていたという。この研究チームは「衛生的という想定にもとづいて容器入りの飲料水を使用するのは、見当違いの可能性がある」と結論づけている。ジュネーブ大学で行われた調査や国連食糧農業機関の発表でも結果は同様で、後者は栄養学的視点で見る限り、容器入りの飲料水は普通の水道水と大差ない、としている。

この発表は驚くに値しない。というのも、合衆国で販売されている容器入り飲料水のうち――大抵は濾過《ろか》されており、なかにはミネラル成分を添加されているものもあるが――実に四〇パーセントが水道水だからだ。たとえば、容器入り飲料水業界におけるアメリカの二大ブランド、アクアフィーナとダサーニも一般の上水道の水である。容器のラベルに、氷河や清流、氷に覆われた山々といった図柄が使われているものが多いが、こうしたイメージが必ずしも中身の真の水源を表わしているわけではない。環境問題に関するアメリカのロビー団体、国家資源防衛審議会の発表によると、ある飲料水は「純粋な氷河の水」と表記されているが、実は普通の上水道の水であり、別の飲料水は「湧き水《スプリング・ウォーター》」と表示され、湖と山々の図柄がラベルに使われているが、実際には有害な廃棄物投棄場に近い工場の駐車場の井戸水だという。同審議会はまた、欧米では水道水の質のほうが容器入り飲料水のそれよりもはるかに管理が行き届いている、とも指摘している。

このように、容器入りの飲料水が先進国の水道水よりも安全ないしは健康的だという証拠はなく、また、目隠しテストをしてみると、ほとんどの人には味の区別もつかない。実際、容器入りの飲料水同士を比べたほうが、味の違いがわかりやすいくらいだ。だがそれでも、水道水に比べて一ガロン（約四リットル）あたり二五〇〜一万倍も高いにもかかわらず、人々はこうした飲料水を買い続けている。先進国では安全な水があり余っており、人々は目の前の安全な水道水を素通りして、容器入りの飲料水をわざわざ買う。安全性が変わらない以上、いずれの水を飲むかは今やライフスタイルの選択の問題というわけだ。

対照的に、発展途上国の多くの人々にとって、水を手に入れられるかどうかは、依然として生死に関わる大問題である。現在、世界の総人口の五分の一にあたる約一二億人が安全な飲料水を確保できずにいる。世界保健機関の発表によれば、全世界の疾病の八〇パーセントは水を介して感染し、発展途上国の人口のおよそ半数が、恒常的に、水不足ないしは不衛生な水が原因の病――下痢、十二指腸虫症、トラコーマ（訳註――結膜と角膜を冒す慢性伝染病）――に冒されているという。下痢の症例数は年間四〇億にのぼり、一八〇万人が死に至り、その九〇パーセントが五歳以下の子供である。しかも、清潔な水の不足による弊害は病気と死ばかりではない。教育と経済の発展も阻害される。病気が国中に蔓延すれば、生産性が落ち、他国の援助への依存度が増し、自力での貧困からの脱出がますます困難になる。国連によれば、サハラ以南のアフリカで女児が学校に行かない主な理由の一つは、遠くの泉まで水を汲みに行き、家まで運んでくるのに長時間を割かねばならないからだという。

国連は、十分な真水と衛生設備を手にできない人々の割合を二〇一五年までに半分に減らすという目標を掲げている。しかしながら、一九八〇年代および九〇年代にある程度の進歩はあったものの、現在、安全な水の供給を受けられる人々の割合は減少している。多くの発展途上国においては、地方には改善が見られるものの、都市部では安全な水がいっそう手に入りにくくなっているからだ。都市化の傾向に歯止めがかからないことを考えると、これは憂慮すべき事態と言える。人口統計学者の概算では、二〇〇七年頃までには、世界の人口の半数以上が都市部で生活しているという。まさに、有史以来の現象が起きていることになる。この概算どおりならば、人類はまもなく、六〇〇〇年前に始まった田舎中心の生活から都会中心の生活を送る種族への変化を完了するわけだ。国際水管理研究所の計算によると、水の供給に関する国連の目標を達成するには、年間一七億ドル、衛生面の改善には年間約九〇億ドルのさらなる経費が必要だという――富裕国の人々が容器入りの飲料水に費やす金額に比べれば、ごく少ない額ではあるが。しかし、水問題の解決にはほかにも必要なものがある。政治的障害の克服である。最近、とりわけ中東およびアフリカでは、水の権利を巡る論争によって政治的緊張が生じており、軍事衝突さえ起きている。

たとえば、一九六七年の六日戦争こと第三次中東戦争――イスラエルがシナイ半島、ゴラン高原、ヨルダン川西岸地区、ガザ地区を占拠した——において、水は陰で重要な鍵を握っていた。当時の軍司令官で、のちのイスラエル首相アリエル・シャロンは、自叙伝のなかで、六日戦争の始まりは一般的に一九六七年六月五日とされているが、実際にはそれよりも二年半ほど早く、「ヨルダン川の流れを変える動きに対抗することをイスラエルが決意した日に始まった」と述べている。一九六四年、ヨルダン川の大きな二本の支流のイスラエルへの流入を阻もうと、シリアはすでに運河の建設に着工していた。これに対して、イスラエルは砲撃と空爆をしかけ、運河工事を中止させたのである。「我が国とシリアとの国境問題も重要だったが、水こそが生死に関わる大問題だった」とシャロンは書いている。一九六七年にイスラエルが上記地域を占領し、ヨルダン川の上流を掌握したのは、軍事的理由からだけではなく、水の供給源の確保という重大な目的もあった。ヨルダン川西岸に住むパレスチナ人たちは、同地区の水の一八パーセントしかもらえず、残りはすべてイスラエルに送られた。

以降、中東の政治家は、同地域で将来起こりうる紛争の原因として必ず水を挙げている。一九七八年、エジプトはエチオピアに対して、主要な水源であるナイル川の流れを変えるようなことをしたら、軍事手段に訴えると通告した。一九七九年、エジプトがイスラエルと平和条約を結んだ際、アンワル・サダト大統領は「エジプトを再び戦争に駆り立てるものがあるとすれば、それは水だけだ」と断言している。一九八五年、当時のエジプトの外務大臣で、のちの国連事務総長ブトロス・ブトロス＝ガーリも「次に中東で戦争が起きるとすれば、その原因は政治ではなく、水だろう」と述べている。

水が国際紛争の元になるのは驚くにはあたらない。地域によっては川と湖が国境線を形成しており、世界で少なくとも一〇の川が六以上の国境を越えて流れているからだ。そうした地域では、上流の国の行為が下流の国々に影響を与えることになる。エチオピアはナイル川の水の八五パーセントを掌握しており、エジプトはその下流にある。ユーフラテス川にダムを建設したことで、トルコはシリアに流れる水量をコントロールできるようになった。洪水に悩まされたバングラデシュは、ガンジス川とブラマプトラの水量を管理できるように、インドとネパールに対して上流へのダムの建設を要請した。

乾燥地帯である中央アジアの人々は、水不足の深刻化によって、カザフスタン、キルギスタン、タジキスタン、トルクメニスタン、ウズベキスタンといった旧ソ連邦の国のあいだで紛争が起きるのではないか、と不安を抱いている。また、気候の変化によって水の分布に影響がおよび、ある地域では洪水が頻発し、別の地域では干ばつが起きるという事態になり、農業が壊滅的な打撃を受けて政情が不安定になるのではないか、という懸念もある。このため、水は石油に代わる稀少品として、国際紛争の引き金となるのでは、という見方をする者もいる。

一方、水は国際協力を促しもする。水は生命維持に不可欠であるため、その管理のために、普段はいがみ合う国同士がしかたなく協力し合うこともある。たとえばインドとパキスタン両国に対して、インダス川および支流の水の使用権について定めた一九六〇年のインダス水利条約は、軍事衝突が繰り返し起きたにもかかわらず、今も有効である。同様に、メコン川の流域は戦争でひどい打撃を受けているにもかかわらず、カンボジア、ラオス、タイ、ベトナムは協力してその管理にあたっている。一九九〇年代後半、紛争を続けるナイル川流域の国々は、国連および世界銀行のあと押しを受け、ナイル川の水管理に関する条約に合意している。どうやら水は、戦争の原因にも平和を促す存在にもなる可能性を持っているようだ。

この先——人類が核による自滅を免れたとするならば——火星をはじめとする地球外へのコロニー建設の成否は、十分な水を確保できるかどうかによって決まるだろう。火星のコロニーの住人は、飲料用、洗濯用、農業用、そしてロケット燃料の製造用——水の成分を水素と酸素に分解して作る——として、水を必要とすることになる。だからこそ、地球外生命体（やはり、水に依存していると考えられている）が存在する可能性と合わせて、太陽系の他の天体に水があるかどうかの調査が熱心に行われているのだ。なかには、火星へのコロニー建設が、人類の存続に不可欠だと信じている科学者さえおり、「多惑星生物」になる以外に、戦争や疾病、あるいは小惑星や彗星の衝突による破滅の可能性から真に身を守る手段はない、と主張している。だがそのためには、地球外における水源の発見が不可欠である。

水は人類に発展への第一歩を踏み出させた。そして一万年後の今、水は再び人類に新たな一歩を踏み出させようとしている。他の惑星へのコロニー建設などと聞くと、なにを突飛なことをと思われるかも知れないが、それでも意味がさっぱりわからない、ということはないだろう。たとえば、紀元前五〇〇〇年の新石器時代の村人が現代世界を見たときほどの衝撃は受けないはずだ。その原始人には、言葉や文字はおろか、プラスチック、航空機、コンピューターなど、近代的生活を構成するほとんどのものが理解できないだろう。だが、七〇〇〇年もの時を経た今でも、変わっていないものはある。その原始人はビールを旨いと感じるだろうし、たがいの幸運を祈って杯を合わせる習慣を理解し、杯を酌み交わす者同士が作る和気あいあいとした雰囲気にもすぐになじむだろう。

この新石器時代からのタイム・トラベラーにとって、一杯のビールは自分と未来とをつなぐ存在だが、わたしたちにとっては、過去を知るための窓口である。今度、ビール、ワイン、蒸留酒、コーヒー、茶、コカ・コーラを口に運ぶときには、それが時空をわたって自分の目の前にやってきた、という事実に思いを馳せてほしい。そこには、アルコールやカフェインだけでなく、それ以上のものが含まれていることも思い出してほしい。その飲み物の底には、長い、長い歴史が沈んでいるということを。

謝辞

本書の取材は実に楽しいものだった。もちろん、さまざまな飲み物をたくさん口にすることができたからだ。ビールの調査については、サンフランシスコのアンカー醸造所のフリッツ・メイタグ、ウィリアムズバーグのウィリアム・アンド・メアリー大学のメアリー・ボイト、ステファン・ソモギー、イオランデ・ブロクソム、マイケル・ジャクソン、クリント・バリンジャー、メリン・ダインリーにお礼を述べたい。ワインに関しては、ペンシルバニア大学博物館のパトリック・マクガバーンと、フランスのボーケールのワイナリー、マ・デ・トゥーレルのエルベ・デュランとそのご家族にお世話になった。アラメダのセント・ジョージ蒸留場のランス・ウィンターズには蒸留過程についてご説明をいただき、多くの具体例も見せていただいた。コーヒーの歴史については、ユニオン・コーヒー・ロースターズのジェレミー・トーツと、王立天文学会のピーター・ヒングリーに感謝している。ハーバード大学のエンディミオン・ウィルキンソンには、茶の歴史について貴重な助言をいただいた。

ジョージ・ダイソン、ニール・スティーブンソン、『エコノミスト』の同僚アン・ロー、ロバート・ゲスト、アンソニー・ゴットリーブ、ジェフリー・カー、そしてフィリップ・ルグレン、ポール・エイブラハムス、フィル・ミーヨ、バサ・バビック、ヘンリー・ホブハウスにも、取材中、インスピレーションをいただいたり、相談役になっていただいたり、思いがけない方向性を示していただいたりと、大変お世話になった。バージニア・ベンツ、ジョー・アンダラー、クリスティナ・マーティー、オリバー・モートン、ナンシー・ハインズ、トム・モールトリー、キャスリン・スティンソン、グリニッジのシアター・オブ・ワインのダニエル・イルズリーとジョナサン・ウォーレン、キャロイン・ボスワース＝デイヴィス、ロジャー・ハイフィールド、モーリーン・ステイプルトン、ティム・コールター、ワードバン・ダム、アニカ・マッキー、リー・マッキーにも、さまざまな形でお手伝いいただいた。ウォーカー&カンパニーのジョージ・ギブソンとジャッキー・ジョンソン、そしてブロックマン・インクのカティンカ・マットソンには長期にわたってご支援をいただいた。最後になったが、本書の執筆中にわたしを励まし続けてくれた妻のカースティンと娘のエラにお礼を述べたい。

付録 ● 古代の飲み物を探して

古代の飲み物はいったいどんな味がするのか？　興味がある読者もいるだろう。多くはなんらかの形で今も残っている。ただし、必ずしも大変美味というわけではないので、ご注意を。

近東のビール

古代のビールと現代のビールとの最も大きな違いは、ホップの有無にある。ホップの使用は比較的最近の発明だ。ホップを使うと味に苦みが加わり、麦芽の甘みを抑えてすっきりとした味わいになるだけでなく、ホップが保存料として働き、ビールが腐りにくくなるという利点もある――もっとも、ホップの使用は古代の醸造業者の目にはおそらく邪道と映るだろうが。ホップがビールの一般的な原料になったのは一二世紀～一五世紀のあいだで、当初はホップの有無を区別するために、別々の名称がつけられていた。英語の「Beer(ビール)」はホップ入りのものを、「Ale(エール)」はホップなしのものを指していた。その後、酵母が樽の底で発酵する下面発酵のラガーに対して、上面発酵のものを「エール」と呼ぶようになった。本書では、発酵させた穀物から作る飲み物全般を「ビール」と呼んでいる。

　サハラ以南のアフリカ各地では、種族に古くから伝わる地ビールが今も飲まれており、おそらくはこれが新石器時代のビールに一番近いのではないか、と思われる。どろりとした濁った飲み物で、原料はソルガムと、キビないしはトウモロコシが多い。一般的な作り方は、まずソルガムを発芽するまで水に浸し、次に天日の下に広げ、完全に乾くまで何度もひっくり返し、あとで腐らないようにする。その間、麦芽化していない原料の穀物を湯のなかに入れて、薄いかゆを作る。このかゆは一晩、ないしはすっぱくなるまで置いておく。ここに石で粗く挽いたソルガム麦芽を加えて大きな容器に入れ、発泡し、アルコール化するまで待つ。完成したら、漉《こ》し器か粗布で漉してから飲む（筆者は南アフリカで、ソルガムとソルガム麦芽から作るホサ族の伝統的な飲み物、ウムクオムボティを飲んだ。濃厚かつクリーミーで、色はオフ・ホワイト、ヨーグルトの後味に似た強い酸味があった。飲み物というよりも、液体状のパンを食べているような感じだった）。

　古代エジプト人とメソポタミア人が飲んでいたビールは、最初に麦芽汁を濾過し、それから発酵させたため、どろどろではなく、透明か半透明の液体だった。その点では現代のものに近いと言える。一九八〇年代後半から九〇年代前半にかけて、サンフランシスコのアンカー醸造所のフリッツ・メイタグは、紀元前一八〇〇年頃の古代の製法でメソポタミアのビールを再現し、ヒム・トゥ・ニンカシ（「ニンカシへの賛歌」——ニンカシとはメソポタミアの醸造の女神）と名づけた。メイタグはバッピアー――大麦麦芽を原料とする古代の〝ビール・パン〞で、長期保存が可能だった――も作った。一五年ものを試食させてもらったところ、もみがらがたくさん入っているのが難点だったが、味はなかなかのものだった。メイタグが再現したビールを飲んだ人々によれば、ホップが加えられていないため、現代のものよりも甘かったという。

古代エジプトのビールを再現しようという試みは、ほかにも行われている。ケンブリッジ大学のデルウェン・サミュエルの研究結果にもとづき、スコッティッシュ・アンド・ニューキャッスル・ブリューワリーズが製造したツタンカーメン・エールはその代表格だ。サミュエルは醸造残余物を電子顕微鏡で分析し、古代エジプトのビールが大麦麦芽に、麦芽化していないエマー（小麦の一種）を混ぜて作られていたことを突き止めた。麦芽化していないエマーを使ったのは、麦芽化が非常に手間のかかる作業だったからだろう。大麦麦芽は挽いてから冷水に、エマーは挽いてから湯に入れる。それぞれ酵素とデンプンを産生させるためで、あとで両者を混合した際に、酵素がデンプンを糖に分解する。次にこの麦汁を漉して、もみがらを取り除き、発酵させる。サミュエルによれば、この過程を示す絵文字が、パンを粉々にして樽に入れている、と間違って解釈されていたのだという。この製法により、フルーティで甘く、金色でやや濁りのあるビールが完成。瓶詰めにされ、一〇〇〇本がデパートのハロッズで販売された。

現在、一般に販売されているビールのほとんどにホップが使われているため、古代エジプトやメソポタミアのビールに近いものを見つけるのは困難なのだが、数少ない例外の一つに、イギリスの醸造会社セント・ピーターズが生産するキング・クヌート（King Cnut）がある。紀元前一〇〇〇年頃の製法にもとづいて作るビールで、名称は一一世紀にデンマーク、ノルウェー、イングランドを支配したクヌート王から取られている。原料は大麦、ねずの実、オレンジとレモンの皮、香辛料、イラクサである。ビールに似ているが、ホップの苦みがなく、甘くフルーティで、むしろワインに近い味わいがする。このビールを飲めば、新バビロニア王国最後の王ナホニドゥスが、ソインを「山間部の絶品ビール」と称した理由が理解できるだろう。サハティ（Sahti）もホップを使わずに作られているビールの一つだ。フィンランドに古くから伝わるもので、ビールの専門家であるマイケル・ジャクソンいわく、「ヨーロッパに現存する最後の原始的なビール」である。季節限定なのだが、ヘルシンキの中心にあるツェトル（Zetor）というパブでは、これをプラスチック製の樽に入れて冷蔵庫にしまっており、一年中飲むことができる。チコリーの束が入っていて、穀物のビールの風味がするが、ホップは含まれていない。その代わりとして、キング・クヌート・エールと同じくねずの実を使うことで、穀物の甘みを抑えている。

古代ギリシア・ローマのワイン

古代ギリシア・ローマ時代、人々は添加物で風味の悪さをごまかしていないワインを最上と考えていた。そのため、味はおそらく現代のものに似ていたと思われる（もっとも、ギリシア人とローマ人は大抵、ワインを水で割って飲んでいたが）。しかし、こうしたワインは全体から見ればごく少数で、普通は発酵から給仕までの各段階において、なんらかの混ぜ物がなされていた。衛生面が整っておらず、長期保存の技術もなかったため、大半は現代の安物よりもはるかに質が悪かった。

そこで、飲みやすくするか、あるいは時間が経っても味が変化しないようにするために、ブレンドし、風味を添加したのである。現在では、こうした習慣はほとんど残っていないのだが、例外もある。たとえば松やにの香りをつけたギリシア産ワインのレチナ（Retsina）がこれにあたる。松やには、古代ギリシアに限らず各地でワインの香りづけおよび保存料として古くから用いられている。ひょっとすると、もともとはワインがつぼからしみ出さないよう、つぼの内側をコーティングするために使用されたものだったのかもしれない。松やにに水を合わせたものを現代のワインに加えれば、この手の古代ワインの味にかなり近いものができるだろう。

香草やはちみつ、さらには海水まで加えて作るワインもあった。ローマ帝国時代のブドウ園があった南フランスのマ・デ・トゥーレル（Mas des Tourelles）ワイナリーで、エルベ・デュランとその家族が当時の原料、製法、道具を用いて、いくつかの古代ローマ・ワインを蘇らせている。たとえばムルスム（Mulsum）はハーブとはちみつ入りの赤ワインで、甘いことは甘いが、香辛料のおかげで、甘ったるい感じはしない。水で薄めて飲むと、ブラックカラントのジュース、ライビーナに似た味わいがする。もう一つ、ここで作られているトゥリクラエ（Turriculae）という白ワインは、古代ローマの作家コルメッラの残した製法にもとづき、少量の海水と各種香草、主にフェヌグリークを加えて作る。これは淡黄色で、風味豊かなドライシェリーの味によく似ている。海水の塩気はそれほど強くなく、実際、全体にうまくなじんでおり、混ぜ物ではなく、ワインの自然な味の一部に感じられる。さらにカレヌンム（Carenum）というデザート・ワインもある。赤ワインで、デフルトゥンム（香辛料を入れて煮詰めたワイン。ローマ人は調理に使った）と香草を加えて作るものだ。デフルトゥンムを加えることで、アルコール度数と甘みが増しており、味はレイト・ハーベストのジンファンデルによく似ている。いずれのワインも右記のワイナリーで購入できる。

古代ギリシア・ローマ時代から存在すると考えられる種のブドウを原料にしてワインを作っているところもある。たとえばナポリに近いマストロベラルディーノ(Mastroberardino)ワイナリーでは、グレコ・ディ・トゥーフォ、フィアーノ・ディ・アベリーノ、アリアニコといったブドウが使われている。最初のは、古代ギリシア人がイタリアに持ち込んだとされている白ブドウである。次も白ブドウで、ローマ人はこれを特に好み、「ヴィティス・アピアーナ」(蜂に愛されるブドウ)と呼んだという。最後のは赤ブドウで、同ワイナリーの主力製品タウラジ(Taurasi)というワインに使われている。マストロベラルディーノ家は、古代種のブドウにかける情熱を高く評価され、先頃、古代都市ポンペイのブドウ園を再現する依頼も受けている。この一家はまた、ステンレス製タンクでの冷蔵や回転式タンクでの発酵など、最近の技術も熱心に取り入れている。そのため、彼らの作る製品はどれも混じりけがなく、色鮮やかで、味も力強いのだが、古代のワインとは完全に別物である——たとえば、香草や海水は入っていない。

現代のワインを古代ギリシアあるいはローマ・スタイルで飲む際に忘れてはならないのは、水で割ることだ。水で薄めたワインを実際に飲んでみると、香りと味がそれほど損なわれていないことに気づき、驚かれることだろう。古代ワインの専門家アンドレ・チェルニアはサンテミリオンで開かれた会合で、高名なワイン製造業者から、自分の母親はいつもワインを水で割って飲んでいたが、それでもビンテージの違いがわかった、という話を聞いたという。古代ギリシア・ローマ人はワインを水で薄めていたが、製法やビンテージの違いを認識し、味の違いを楽しむことはできたのだろう。

植民地時代の蒸留酒

蒸留酒の製造過程は植民地時代から基本的には変わっておらず、ブランデー、ラム酒、ウィスキーを当時からいまだに作り続けている蒸留場もある。蒸留酒の魅力は、味よりもむしろアルコールの強さにあった。だからこそ、パンチやグロッグなど、いまで言うカクテルにして飲まれることが多かったのである。グロッグの作り方は簡単で、ダークラムに水、黒糖、レモンまたはライム果汁を加えるだけでいい。もっともほとんどの人は、グロッグの現代版で、もっと飲みやすいカクテルのモヒートに変えたいと思うだろうが。

一七世紀のコーヒー

挽いたコーヒー豆に水を加えて立て続けに三回煮立てるのが、アラブ人の伝統的なコーヒーの入れ方だった。こうすると香りが引き立ち、強くて濃いコーヒーができる。ところが、その後ヨーロッパでコーヒーを飲む習慣が普及するにつれて、入れ方が随分とぞんざいになった。イギリスでは当初、コーヒーはビールと同じくガロン単位で課税されていた。したがって、ロンドンのコーヒーハウスは税金を支払うために、コーヒーを前もって作っておかねばならず、冷えたコーヒーを温め直して客に出したのである。すぐに出せるよう、ポットのなかはつねに沸騰に近い状態に保たれていた。当然、出されたコーヒーは濃くて苦いものだったに違いない。だからこそ、砂糖を入れて飲むのにちょうどよかったのだろう。ロンドン在住のコーヒー専門家ジェレミー・トーツに言わせれば、コーヒー・メーカーのスイッチを一日か二日入れっぱなしにしておくと、当時のコーヒーにかなり近いものができるのではないかという。トーツはまた、当時のコーヒー豆は平なべか調理用トレーを使った、かなり浅い煎りだったのではないかとも言っている。深煎りの豆の誕生は、精巧な作りの煎り器が開発されるまで待たなければならなかった。湿気の多い船底に、おそらくは香りの強い香辛料と並んで積まれていたことも、コーヒーの味に影響したと考えられる。当時のコーヒーはコーヒーハウスごとに味がかなり違い、週によっても大きく味が変わったのだろう。要するに、一七世紀の人々は味うんぬんよりも、カフェインの存在とコーヒーハウスの雰囲気に強く惹かれたのではないだろうか（ちなみに、コーヒー・フィルターは二〇世紀の発明品である）。

オールド・イングリッシュ・ティー

一七世紀、初めてヨーロッパに伝えられた茶は酸化していない茶葉で作る緑茶で、牛乳や砂糖を加えずに飲まれていた。中国や日本の緑茶は今日、欧米でも簡単に入手できる。味はおそらく、当時のものとほとんど変わらないはずだ。いわゆる紅茶が普及したのは一八世紀のことで、緑茶よりも毒性の混ぜ物が少ないことが人気の一因だった。砂糖を入れて飲む習慣が一般化したのは、紅茶は緑茶よりも苦みが強かったためである。原料は半酸化させた茶葉で、当時はボヒー茶（訳註――ボヘア茶ともいう）と呼ばれていた。これが一八五〇年代にはウーロン茶と呼ばれるようになるのだが、この頃になると、完全に酸化させた茶葉で作る、さらに強い茶も人気になっていた（紛らわしいことに、これもまたウーロン茶である）。したがって、一八世紀の茶に似た味わいのものは、半酸化させた茶葉で作る軽めのウーロン茶なのだが、両者が完全に同じものとは言い難い。現在のウーロン茶には、混ぜ物も、他の茶葉とのブレンドもなされていないからだ。その点を考えると、一八世紀の怪しげなブレンド茶に最も近いのは、安物のティーバッグの茶ということになる。ちなみに、一九世紀のブレンド茶は、アール・グレイ（ベルガモットで風味づけされている）やイングリッシュ・ブレックファースト・ティーなど、その多くが今も残っている。

一九世紀のコーラ

コカ・コーラは現在も秘密のオリジナル製法で作られているが、微調整は何度かなされている。代表的なのは、カフェインの含有量を減らしたことと、コカイン成分をなくし、代わりにコカの葉のエキスから作った香料を加えたことだろう。コーラナッツの成分——コカと違い、こちらはまったくの合法である——がもっと多い製品を試したいなら、ジョルト・コーラ（Jolt Cola）をお勧めする。コカ・コーラよりもカフェインが多く含まれており、インターネット関連の企業が次々に誕生した頃、プログラマーたちに好まれていた。また、昔ながらの製法で個性的なコーラを生産している会社もある。筆者が個人的に気に入っているのは、フェンティマンズ社のキュリオシティ・コーラ（Curiosity Cola）で、カフェインに加え、ガラナの実とカツアバの樹皮——どちらも興奮作用がある——のエキスが入っている。

註

第１章　石器時代の醸造物

近東における穀物の導入と農業の登場については、ローフ『古代のメソポタミア』、Bober『*Art, Culture and Cuisine*』、ダイアモンド『銃・病原菌・鉄――一万三〇〇〇年にわたる人類史の謎』に準拠した。ビールの起源の諸説については、Katz and Voigt「Bread and Bear」、Kavanagh「Archaeological Parameters for the Beginnings of Beer」、Katz and Maytag「Brewing an Ancient Beer」、Forbes『*Studies in Ancient Technology*』、Hartman and Oppenheim「On Beer and Brewing Techniques in Ancient Mesopotamia」、Ballinger「Beer Production in the Ancient Near East」、Braidwood et al「Did Man Once Live by Beer Alone？」に準拠した。ビールの社会的重要性と、複雑な社会の登場における役割については、Katz and Voigt「Bread and Beer」、Sherratt「Alcohol and Its Alternatives」、シベルブシユ『楽園・味覚・理性――嗜好品の歴史』、Joffe「Alcohol and Social Complexity in Ancient Western Asia」で論じられている。

第２章　文明化されたビール

メソポタミアおよびエジプトの古代都市の起源については、Trigger『*Understanding Early Civilizations*』、Hawkes『*The First Great Civilizations*』、Leick『Mesopotamia』、Kramer『*History Begins at Sumer*』で論じられている。メソポタミアおよびエジプト文明におけるビールの使用とその重要性については、Darby, Ghalioungui, and Grivetti『*Gift of Osiris*』、ヒース『世界のお酒とおもしろ文化――お国変われば、酒変わる』、Michalowski「The Drinking Gods」、Samuel「Brewing and Baking」、Bober『*Art, Culture and Cuisine*』、Ellison「Diet in Mesopotamia」に準拠した。書き物の起源については、Shmandt-Besserat『*Before Writing*』に準拠した。

第３章　ワインの喜び

ビールに代わるワインの登場は、McGovern, Fleming, and Katz 編『*The Origins and Ancient History of Wine*』、Sherratt「Alcohol and Its Alternatives」、McGovern『*Ancient Wine*』、Younger『*Gods, Men and Wine*』に著されている。ギリシア人のワインに対する態度と、シュンポシオンを含む飲み方の習慣については、Murray『*Sympotica*』、Dalby『Siren Feasts』、Unwin『*Wine and the Vine*』を参照のこと。ギリシア・ワインの種類については、Younger『*Gods, Men and Wine*』を参照のこと。

第４章　帝国のブドウの木

ギリシア・ワインからローマ・ワインへの移り変わりは、Fleming『*Vinum*』、Unwin『*Wine and the Vine*』、Dalby『*Siren Feasts*』を参照のこと。ローマ人のワインに対する態度とマルクス・アントニウスの物語は、Tchernia and Brun『*Le vin romain antique*』とTchernia『*Le vin de l' Italie romaine*』を参考にした。ローマ・ワインの序列は、Fleming『*Vinum*』、Allen『*A History of Wine*』、Younger『*Gods, Men and Wine*』に準拠した。生薬とワインの生薬としての利用は、Porter『*The Greatest Benefit to Mankind*』とAllen『*A History of Wine*』で論じられている。イスラム教徒によるワインの拒絶と、キリスト教徒にとってのワインの重要性については、Sherratt「Alcohol and Its Alternatives」とUnwin『*Wine and the Vine*』を参照のこと。アルクウィンの嘆きは、Younger『*Gods, Men and Wine*』から引用した。ワインを飲む際のヨーロッパ人の習慣については、Engs「Do Traditional Western European Practices Have Origins in Antiquity」を参照のこと。

第５章　蒸留酒と公海

アラブ世界での蒸留技術の誕生については、アルハサンとヒル『イスラム技術の歴史』、Forbes『*A Short History of the Art of Distillation*』、Lichine『*New Encyclopedia of Wines and Spirits*』、Kiple and Orneals 編『*The Cambridge World History of Food*』を参照のこと。「悪者チャールズ」の物語はFroissart『*Chronicles of England, France, Spain and the Adjoining Countries*』から引用した。蒸留酒のヨーロッパへの普及については、Forbes『*A Short History of the Art of Distillation*』、Lichine『*New Encyclopedia of Wines and Spirits*』、ブローデル『物質文明・経済・資本主義── 15-18 世

紀』、Roueché「Alcohol in Human Culture」に準拠した。大西洋の奴隷売買と砂糖栽培との関係性については、Mintz『*Sweetness and Power*』、Thomas『*The Slave Trade*』、Landes『*The Wealth and Poverty of Nations*』を参照のこと。奴隷貿易における蒸留酒の役割については、Thomas『*The Slave Trade*』、Harms『*The Diligent*』、Smith『*Spirits and Spirituality*』で論じられている。ラム酒の起源は、Ligon『*A True and Exact History of the Island of Barbadoes*』、Lichine『*New Encyclopedia of Wines and Spirits*』、Mintz『*Sweetness and Power*』、Kiple and Orneals 編『*The Cambridge World History of Food*』に準拠した。イギリス海軍によるラム酒導入の意義は、Pack『*Nelson' s Blood*』と Watt「The Influence of Nutrition upon Achievement in Maritime History」で論じられている。

第6章　アメリカを建国した飲み物

バージニア州の気候が地中海のそれに似ているという当時の人々の誤信については、James『*The Rise and Fall of the British Empire*』で論じられている。アメリカ入植者がビールおよびワイン作りに苦労し、その代わりとしてラム酒を導入したことは、Unwin『*Wine and the Vine*』、Baron『*Brewed in America*』、Brown『*Early American Beverages*』に準拠した。アメリカ独立戦争における糖蜜とラム酒の働きは、Mintz『*Sweetness and Power*』、Tannahill『*Food in History*』、Thompson『*Rum Punch and Revolution*』で論じられている。建国まもない合衆国におけるウィスキーの重要性とウィスキー反乱については、Carson『*The Social History of Bourbon*』と Barr『*Drink*』で取り上げられている。原住民を奴隷として連れ去るために蒸留酒を利用したことについては、ブローデル『物質文明・経済・資本主義―― 15-18 世紀』を参照のこと。

第7章　覚醒をもたらす、素晴らしき飲み物

ヨーロッパの酒飲みたちの目をコーヒーが醒ましたことについては、シベルブシユが『楽園・味覚・理性――嗜好品の歴史』で論じている。コーヒーとコーヒーハウス文化のアラブ世界での誕生については、ハトックス『コーヒーとコーヒーハウス』、Schapira『*The Book of Coffee and Tea*』、ワインバーグおよびビーラー『カフェイン大全』を参照のこと。コーヒーのヨーロッパへの普及とロンドンのコーヒーハウスの台頭については、Ellis『*The Penny Universities*』と Jacob『*Coffee*』に準拠した。ヨーロッパの植民地における

コーヒー栽培については、ユーカーズ『オール・アバウト・コーヒー』とワインバーグおよびビーラー『カフェイン大全』を参照のこと。

第８章　コーヒーハウス・インターネット

コーヒーハウスのインターネットに似た働きについては、Sommerville「Surfing the Coffeehouse」とDarnton「An Early Information Society」を参照のこと。科学者と金融業者のコーヒーハウスの利用については、Stewart「Other Centers of Calculation」、Stewart『*The Rise of Public Science*』、Ellis『*The Penny Universities*』、Inwood『*The Man Who Knew Too Much*』、Jacob『*Coffee*』、Waller『*1700*』を参照のこと。革命前のパリにおけるコーヒーハウスについては、Darnton「An Early Information Society」、Kors編『*The Encyclopedia of the Enlightenment*』、ワインバーグおよびビーラー『カフェイン大全』を参照のこと。

第９章　茶の帝国

古代以降の中国への茶の導入については、Wilkinson『*Chinese History*』で論じられている。中国における茶の歴史については、Wilkinson『*Chinese History*』、MacFarlane『*Green Gold*』、陸羽『茶経』、ウェインバーグおよびビーラー『カフェイン大全』に準拠した。初期のヨーロッパ・中国間の交易と茶のヨーロッパへの輸入の開始については、ランデス『強国論』、ホブハウス『歴史を変えた種』、Moxham『*Tea*』で取り上げられている。イギリス人の茶の愛好ぶりについては、ホブハウス『歴史を変えた種』、ユーカース『日本茶文化大全』、ワインバーグおよびビーラー『カフェイン大全』、Pettigrew『*A Social History of Tea*』、フォレスト『*Tea for the British*』に準拠した。

第10章　茶の力

産業革命と茶がはたした役割については、ランデス『強国論』とMacFarlane『*Green Gold*』で論じられている。イギリスのアメリカおよび中国での海外政策に対する茶の影響については、Scott『*The Tea Story*』、Forrest『*Tea for the British*』、ユーカース『日本茶文化大全』、Bowen「400 Years of the East India Company」、Ferguson『*Empire*』、ホブハウス『歴史を変えた種』、Farrington『*Trading Places*』、Wild『*The East India Company*』を参照のこと。茶のインドへの導入はMacFarlane『*Green Gold*』とMoxham『*Tea*』に準拠した。

第11章　ソーダからコーラへ

炭酸水の起源については、Riley『*A History of the American Soft Drink Industry*』、Gribbin『*Science*』、Hays『*Pop*』を参照のこと。コカ・コーラの誕生と歴史については、ワインバーグおよびビーラー『カフェイン大全』と、ペンダグラスト『コカ・コーラ帝国の興亡』に準拠した。後者はコカ・コーラに関するものとして、最も信頼の置ける著作である。

第12章　瓶によるグローバル化

20世紀にコカ・コーラが世界を支配していく歩みについては、ペンダグラスト『コカ・コーラ帝国の興亡』、Hays『*Pop*』、Kahn『*The Big Drink*』、Tedlow『*New and Improved*』、そしてＵＰＩ、ロイター、『エコノミスト』誌の記事で論じられている。

参考文献

Allen, H. Warner. *A History of Wine. London*: Faber, 1961.
——. *Rum*. London: Faber, 1931.
Andrews, Tamra. *Nectar and Ambrosia: An Encyclopedia of Food in World Mythology*. Santa Barbara: ABC-CLIO, 2000.
Austin, Gregory. *Alcohol in Western Society from Antiquity to 1800: A Chronology*. Santa Barbara: ABC-CLIO, 1985.
Ballinger, Clint. "Beer Production in the Ancient Near East." Unpublished paper, personal communication.
Baron, Stanley. *Brewed in America: A History of Beer and Ale in the United States*. Boston: Little, Brown, 1962.
Barr, Andrew. *Drink: A Social History of America*. New York: Carroll&Graf, 1999.
Blackburn, Robin. *The Making of New World Slavery*. London: Verso, 1997.
Bober, Phyllis Pray. *Art, Culture and Cuisine: Ancient and Medieval Gastronomy*. Chicago: University of Chicago Press, 1999.
Bowen, Huw V. "400 Years of the East India Company." *History Today*, July 2000.
Braidwood, Robert, et al. "Did Man Once Live by Beer Alone?" *American Anthropologist 55* (1953): 515-26.
Braudel, Fernand. *Civilization and Capitalism*: 15th-18th Century. London: Collins, 1981.(フェルナン・ブローデル著、村上光彦訳『物質文明・経済・資本主義―― 15-18世紀』みすず書房、1985年)
Brillat-Savarin, Jean Anthelme. *The Physiology of Taste*. London: Peter Davies, 1925.
Brown, John Hull. *Early American Beverages*. New York: Bonanza Books, 1966.
"Burger-Cola Treat at Saddam Palace." Reuters report, April 25, 2003.
Carson, Gerald. *The Social History of Bourbon*. New York: Dodd, Mead, 1963.
Cohen, Mark Nathan. *Health and the Rise of Civilization*. New Haven and London: Yale University Press, 1989.
Counihan, Carole, and Penny Van Esterik, eds. *Food and Culture: A*

Reader. New York and London: Routledge, 1997.

Courtwright, David T. *Forces of Habit: Drugs and the Making of the Modern World.* Cambridge, Mass.: Harvard University Press, 2001.
（デイヴィッド・T・コートライト著、小川昭子訳『ドラッグは世界をいかに変えたか――依存性物質の社会史』春秋社、2003年）

Dalby, Andrew. Siren Feasts: *A History of Food and Gastronomy in Greece.* London: Routledge, 1996.

Darby, William J., Paul Ghalioungui, and Louis Grivetti. Food: *Gift of Osiris.* London, New York, and San Francisco: Academic Press, 1977.

Darnton, Robert. "An Early Information Society: News and Media in Eighteenth-Century Paris." *American Historical Review* 105, no.1 (February 2000): 1-35.

Diamond, Jared. *Guns, Germs and Steel.* London: Jonathan Cape, 1997.
（ジャレド・ダイアモンド著、倉骨彰訳『銃・病原菌・鉄――一万三〇〇〇年にわたる人類史の謎』草思社、2000年）

Dunkling, Leslie. *The Guinness Drinking Companion.* Middlesex: Guinness, 1982.

Ellis, Aytoun. *The Penny Universities: A History of the Coffee-houses.* London: Secker & Warburg, 1956.

Ellison, Rosemary. "Diet in Mesopotamia: The Evidence of the Barley Ration Texts (c. 3000-1400 BC)." *Iraq* 43 (1981): 35-45.

Engs, Ruth C. "Do Traditional Western European Practices Have Origins in Antiquity?" *Addiction Research* 2, no. 3 (1995): 227-39.

Farrington, Anthony. *Trading Places: The East India Company and Asia,* 1600-1834. London: British Library, 2002.

Ferguson, Niall. *Empire: How Britain Made the Modern World.* London: Allen Lane, 2003.

Fernandez-Armesto, Felipe. *Food: A History.* London: Macmillan, 2001.

Fleming, Stuart J. *Vinum: The Story of Roman Wine.* Glenn Mills, Penn.: Art Flair, 2001.

Forbes, R. J. *A Short History of the Art of Distillation.* Leiden: E. J. Brill, 1970.

——. *Studies in Ancient Technology.* Vol. 3. Leiden: E. J. Brill, 1955.

Forrest, Denys. *Tea for the British: The Social and Economic History of a Famous Trade.* London: Chatto & Windus, 1973.

Froissart, Sir John de. *Chronicles of England, France, Spain and the Adjoining Countries*. Translated by Thomas Johnes. New York: Colonial Press, 1901.

Gaiter, Mary K., and W. A. Speck. *Colonial America*. Basingstoke, England: Palgrave, 2002.

Gleick, James. *Isaac Newton*. London: Fourth Estate, 2003.(ジェイミズ・グリック著、大貫昌子訳『ニュートンの海——万物の真理を求めて』日本放送出版協会、2005年)

Gribbin, John. *Science: A History, 1543-2001*. London: Allen Lane, 2001.

Harms, Robert. *The Diligent: A Voyage through the Worlds of the Slave Trade. Reading*, Mass.: Perseus Press, 2002.

Hartman, Louis F., and A. L. Oppenheim. "On Beer and Brewing Techniques in Ancient Mesopotamia." Supplement to *Journal of the American Oriental Society* 10 (December 1950).

Hassan, Ahmad Y. al-, and Donald R. Hill. *Islamic Technology: An Illustrated History*. Cambridge: Cambridge University Press, 1986. (アフマド・Y・アルハサン、ドナルド・R・ヒル著、多田博一、原隆一、斎藤美津子訳『イスラム技術の歴史』平凡社、1999年)

Hattox, Ralph S. Coffee and Coffeehouses: *The Origins of a Social Beverage in the Medieval Near East*. Seattle: University of Washington Press, 1985.(ラルフ・S・ハトックス著、斎藤富美子訳『コーヒーとコーヒーハウス——中世中東における社交飲料の起源』同文舘出版、1993年)

Hawkes, Jacquetta. *The First Great Civilizations: Life in Mesopotamia, the Indus Valley and Egypt*. London: Hutchinson, 1973.

Hays, Constance. *Pop: Truth and Power at the Coca-Cola Company*. London: Hutchison, 2004.

Heath, Dwight B. *Drinking Occasions: Comparative Perspectives on Alcohol and Culture*. Philadelphia : Brunner/Mazel, 2000.(デュワイト・B・ヒース著、栁長葉之輔訳『世界のお酒とおもしろ文化——お国変われば、酒変わる』たる出版、2002年)

Hobhouse, Henry. *Seeds of Change: Six Plants That Transformed Mankind*. New York: Harper & Row, 1986.(ヘンリー・ホブハウス著、阿部三樹夫、森仁史訳『歴史を変えた種——人間の歴史を創った5つの植物』パーソナルメディア、1987年)

Inwood, Stephen. *The Man Who Knew Too Much: The Strange and Inventive Life of Robert Hooke*, 1635-1703. London: Macmillan, 2002.
Jacob, Heinrich Eduard. *Coffee: The Epic of a Commodity*. New York: Viking Press, 1935.
James, Lawrence. *The Rise and Fall of the British Empire*. London: Little, Brown, 1998.
Joffe, Alexander. "Alcohol and Social Complexity in Ancient Western Asia." *Current Anthropology*, 39, pt. 3 (1998): 297-322.
Kahn, E. J. *The Big Drink*. New York: Random House, 1960.
Katz, Solomon, and Fritz Maytag. "Brewing an Ancient Beer." *Archaeology* 44, no. 4 (July-August 1991): 24-33.
Katz, Solomon, and Mary Voigt. "Bread and Beer: The Early Use of Cereals in the Human Diet." *Expedition* 28, pt. 2 (1986): 23-34.
Kavanagh, Thomas W. "Archaeological Parameters for the Beginnings of Beer." *Brewing Techniques,* September-October 1994.
Kinder, Hermann, and Werner Hilgemann. *The Penguin Atlas of World History*. London: Penguin, 1978.（ヘルマン・キンダー、ヴェルナー・ヒルゲマン著『カラー世界史百科』平凡社、1985年）
Kiple, Kenneth F., and Kriemhild Cone? Ornelas, eds. *The Cambridge World History of Food*. Cambridge: Cambridge University Press, 2000.
Kors, Alan Charles, ed. *The Encyclopedia of the Enlightenment*. New York: Oxford University Press, 2003.
Kramer, Samuel Noah. *History Begins at Sumer.* London: Thames & Hudson, 1961.
Landes, David. *The Wealth and Poverty of Nations*. London: Little, Brown, 1998.(D・S・ランデス著、竹中平蔵訳『強国論』三笠書房、1999年)
Leick, Gwendolyn. Mesopotamia: *The Invention of the City*. London: Allen Lane, 2001.
Lichine, Alexis. *New Encyclopedia of Wines and Spirits*. London: Cassell, 1982.
Ligon, Richard. *A True and Exact History of the Island of Barbadoes*. London, 1673.
Lu Yu. *The Classic of Tea*. Translated and introduced by Francis Ross Carpenter. Hopewell, New Jersey: Ecco Press, 1974.
Lucia, Salvatore Pablo, ed. *Alcohol and Civilization*. New York: McGraw

Hill, 1963.
MacFarlane, Alan, and Iris MacFarlane. *Green Gold: The Empire of Tea*. London: Ebury Press, 2003.
McGovern, Patrick E. *Ancient Wine: The Search for the Origins of Viticulture*. Princeton and Oxford: Princeton University Press, 2003.
McGovern, Patrick E., Stuart J. Fleming, and Solomon H. Katz, eds. *The Origins and Ancient History of Wine*. Amsterdam: Gordon & Breach, 1996.
Michalowski, P. "The Drinking Gods." In *Drinking in Ancient Societies: History and Culture of Drinks in the Ancient Near East,* edited by Lucio Milano. Padova: Sargon, 1994.
Mintz, Sidney. *Sweetness and Power: The Place of Sugar in Modern History*. York: Viking, 1985.
Moxham, Roy. *Tea: Addiction, Exploitation and Empire*. London: Constable, 2003.
Murray, Oswyn, ed. *Sympotica: A Symposium on the Symposium*. Oxford: Clarendon Press, 1994.
"Muslims Prepare for the 'Coca-Cola War.'" UPI report, October 12, 2002.
Needham, Joseph. *Science and Civilisation in China*. Vol. 5, *Chemistry and Chemical Technology.* Cambridge: Cambridge University Press, 1999.(ジョゼフ・ニーダム著『中国の科学と文明・第五巻――天の科学』思索社、1991年)
Needham, Joseph, and H. T. Huang. *Science and Civilisation in China*. Vol. 6, *Biology and Biological Technology*. Cambridge: Cambridge University Press, 2000.(ジョゼフ・ニーダム著『中国の科学と文明・第六巻――地の科学』思索社、1991年)
Pack, James. *Nelson's Blood: The Story of Naval Rum.* Annapolis, Md.: Naval Institute Press, 1982.
Pendergrast, *Mark. For God, Country and Coca-Cola: The Unauthorized History of the Great American Soft Drink and the Company That Makes It.* London: Weidenfeld & Nicolson, 1993.(マーク・ペンダグラスト著、古賀林 幸訳『コカ・コーラ帝国の興亡―― 100年の商魂と生き残り戦略』徳間書店、1993年)
Pettigrew, Jane. *A Social History of Tea*. London: National Trust, 2001.

Phillips, Rod. *A Short History of Wine*. London: Allen Lane, 2000.
Porter, Roy. *Enlightenment: Britain and the Creation of the Modern World*. London: Allen Lane, 2000.
——. *The Greatest Benefit to Mankind: A Medical History of Humanity from Antiquity to the Present*. London: HarperCollins, 1997.
"A Red Line in the Sand." *The Economist*, October 1, 1994.
"Regime Change." *Economist*, October 31, 2002.
Repplier, Agnes. *To Think of Tea!* London: Cape, 1933.
Riley, John J. *A History of the American Soft Drink Industry*. Washington: American Bottlers of Carbonated Beverages, 1958.
Roaf, Michael. *Cultural Atlas of Mesopotamia and the Ancient Near East*. New York and Oxford: Facts on File, 1990.（マイケル・ローフ著、松谷敏雄監訳『古代のメソポタミア』朝倉書店、1994 年）
Roueché, Berton. "Alcohol in Human Culture." In *Alcohol and Civilization*, edited by Salvatore Pablo Lucia. New York: McGraw Hill, 1963.
Ruscillo, Deborah. "When Gluttony Ruled!" *Archaeology*, November-December 2001: 20-25.
Samuel, Delwen. "Brewing and Baking." In *Ancient Egyptian Materials and Technology*, edited by Paul T. Nicholson and Ian Shaw. Cambridge: Cambridge University Press, 2000.
Schapira, Joel, David Schapira, and Karl Schapira. *The Book of Coffee and Tea*. New York: St. Martin's Griffin, 1982.
Schivelbusch, Wolfgang. *Tastes of Paradise: A Social History of Spices, Stimulants and Intoxicants*. New York: Vintage Books, 1992.(ヴォルフガング・シベルブシュ著、福本義憲訳『楽園・味覚・理性――嗜好品の歴史』法政大学出版局、1988 年)
Schmandt-Besserat, Denise. *Before Writing*. Austin: University of Texas Press, 1992.
Scott, James Maurice. *The Tea Story*. London: Heinemann, 1964.
Sherratt, Andrew. "Alcohol and Its Alternatives: Symbol and Substance in Pre-industrial Cultures." In *Consuming Habits: Drugs in History and Anthropology*, edited by Jordan Goodman, Paul E. Lovejoy, and Andrew Sherratt. New York and London: Routledge, 1995.
——. *Economy and Society in Prehistoric Europe*. Edinburgh: Edinburgh

University Press, 1998.
Smith, Frederick H. "Spirits and Spirituality: Alcohol in Caribbean Slave Societies." Unpublished manuscript, University of Florida, 2001.
Social and Cultural Aspects of Drinking. Oxford: Social Issues Research Centre, 2000.
Sommerville, C. John. "Surfing the Coffeehouse." *History Today* 47, no. 6 (June 1997): 8-10.
Stewart, Larry. "Other Centres of Calculation, or, Where the Royal Society Didn't Count: Commerce, Coffee-houses and Natural Philosophy in Early Modern London." *British Journal for the History of Science* 32 (1999): 133-53.
——. *The Rise of Public Science: Rhetoric, Technology and Natural Philosophy in Newtonian Britain.* Cambridge: Cambridge University Press, 1992.
Tannahill, Reay. *Food in History.* New York: Crown, 1989.
Tchernia, André. *Le vin de l'Italie romaine*. Rome: Ecole Française de Rome, 1986.
Tchernia, André, and Jean-Pierre Brun. *Le vin romain antique*. Grenoble: Glenar, 1999.
Tedlow, Robert. *New and Improved: The Story of Mass Marketing in America*. New York: Basic Books, 1990.
Thomas, Hugh. *The Slave Trade: The Story of the Atlantic Slave Trade, 1440-1870.* New York: Simon & Schuster, 1997.
Thompson, Peter. *Rum Punch and Revolution.* Philadelphia: University of Pennsylvania Press, 1999.
Toussaint-Samat, Maguelonne. *A History of Food*. Cambridge, Mass.: Blackwell, 1992.
Trager, James. *The Food Chronology.* New York: Owl Books, 1997.（マグロンヌ・トゥーサン＝サマ著、玉村豊男監訳『世界植物百科――起源・歴史・文化・料理・シンボル』原書房、1998年）
Trigger, Bruce G. *Understanding Early Civilizations: A Comparative Study.* Cambridge: Cambridge University Press, 2003.
Ukers, William H. *All About Coffee*. New York: Tea and Coffee Trade Journal, 1922.(ウィリアム・H・ユーカーズ著、『オール・アバウト・

コーヒー――コーヒー文化の集大成』TBS ブリタニカ、1995 年)
——. *All About Tea.* New York: Tea and Coffee Trade Journal, 1935.(ウィリアム・H・ユーカース著、小二田誠二監修、鈴木実佳監訳『日本茶文化大全』知泉書館、2006 年)
Unwin, Tim. *Wine and the Vine: An Historical Geography of Viticulture and the Wine Trade*. London: Routledge, 1996.
Waller, Maureen. *1700: Scenes from London Life*. London: Hodder & Stoughton, 2000.
Watt, James. "The Influence of Nutrition upon Achievement in Maritime History." In *Food, Diet and Economic Change Past and Present*, edited by Catherine Geissler and Derek J. Oddy. London: Leicester University Press, 1993.
Weinberg, Alan, and Bonnie K. Bealer. *The World of Caffeine: The Science and Culture of the World's Most Popular Drug*. New York and London: Routledge, 2001.(ベネット・アラン・ワインバーグ、ボニー・K・ビーラー著、別宮貞徳監訳『カフェイン大全――コーヒー・茶・チョコレートの歴史からダイエット・ドーピング・依存症の現状まで』八坂書房、2006 年)
Wells, Spencer. *The Journey of Man: A Genetic Odyssey.* London: Allen Lane, 2002.
Wild, Antony. *The East India Company: Trade and Conquest from 1600.* London: HarperCollins, 1999.
Wilkinson, Endymion. *Chinese History: A Manual.* Cambridge, Mass.: Harvard University Press, 2004.
Wilson, C. Anne, ed. *Liquid Nourishment: Potable Foods and Stimulating Drinks*. Edinburgh: Edinburgh University Press, 1993.
Younger, William. *Gods, Men and Wine*. London: Michael Joseph, 1966.

解説

本書は、*A HISTORY OF THE WORLD IN 6 GLASSES* の全訳である。著者のトム・スタンデージは英国の歴史家であり、また『エコノミスト』誌のエディターとして活躍している。本書のほかに『*The Victorian Internet*』『*The Turk*』『*The Neptune File*』（いずれも未邦訳）などを著しているが、どれも歴史書の枠を超えた刺激的な読み物となっている。

世界の歴史を六つの飲み物で読み解く本書は、そんな著者の才気がいかんなく発揮された話題作で、すでに世界一五ヵ国で刊行されている。文明の陽が昇る先史・古代から、グローバリゼーションの現代まで、人類の歩みと飲み物がいかに深くかかわり、時代を突き動かしてきたか――私たちは本書で身近な飲み物の〝大いなる秘密〟を知ることになるだろう。

これまでにもビールやワインやコーヒー、茶、コカ・コーラといった飲み物について、それぞれの歴史や文化は語られてきた。しかし、著者の関心はこうした個別の専門化した歴史にはない。あくまでも世界史をつらぬく潮流が、今ではささやかな嗜好品になっている飲み物に、大きく影響されてきた事実を描き出すことに力点がおかれるのだ。つまり、飲み物をたんなるモノとしてではなく、歴史をたえず動かしてきたコトとして活写したところに本書のなによりの面白さがある。

すでに私たちは香辛料《スパイス》を求める人々の情熱が、東方貿易を促し、やがては大航海時代を開くエネルギーとなったことを知っている。同様に、著者は六つの飲み物が、先史・古代から現代に至る六つの時代を象徴し、その核心に触れる役割をはたしていたことを明らかにする。もしこれらの飲み物がなかったら、エジプトのピラミッドも、ギリシア哲学も、アメリカの独立も、フランスの市民革命、イギリスの産業・金融革命なども形を変えていたかもしれない。

今日の平板化した経済世界からは想像もできないほど、これらの飲み物は幾重にも多様な価値をまとっていた。ときに薬であり、水代わりであり、貨幣であり、人間性をはかる目安であり、富や地位のシンボル、情報ネットワークのかなめであり、革命の推進役でもあった。折々の政治・経済・社会・思想・風俗……と抜き差しならない関係にあったことが、六つの時代・六つの飲み物という区分けによって鮮やかに浮かび上がる。こうして私たちは、なぜ「とりあえずビール」なのか、格式あるパーティーにはワインがふさわしく、トレンチコートの男に似合う飲み物はバーボンやウィスキーで、ネットとカフェは相性がいい……といった理由まで合点がいくようになるのだ。

もちろん、本書の魅力はこうした巨視的な読み解きにあるだけではない。大きな時代のうねりを縦糸とすれば、横糸になにげない小さな出来事を絡め、彩り豊かな歴史模様を織り上げていく。「人間の歴史というものは存在しない。あるのは、人間の生活のあらゆる側面に関する多くの歴史があるだけだ」――本書で引用されているカール・ポパーの言葉どおりに、私たちは六つの飲み物にまつわる数々の興味深いエピソードと出会う。西洋医学の権威だったギリシアのガレノスが皇帝のために世界一のワインを見つける使命を帯びていたという逸話から、第二次大戦中に欧州連合軍最高司令官（後の大統領）アイゼンハワーがコカ・コーラを熱烈に求めていたといった史実まで、およそ教科書には載っていないこうした小さなエピソードが、大きな歴史と通底している面白さ——それが本書のもうひとつの醍醐味となっている。

さて、本書のそんな魅力に多少は風味を添えるかも知れない、幾つかのエピソードをつけ加えておこう。

ビール

・美顔や洗髪にも——古代エジプトでビールは食べ物、薬、通貨としてのほか、肌のつやを保つ美顔や洗髪にも使われていた。ちなみに今日でも、ビールの成分を取り入れた「ビール・シャンプー（容器はビール瓶そっくり）」が市販されている。なお、薬としては強壮剤、消化不良や腫れ物を治すためなどにも用いられた。科学がビール酵母の薬効を解明する前に、エジプト人たちはそのはたらきをよく知っていたわけである。

・ビール作りは女性の仕事——メソポタミアでビールを作っていたのは女性のビール屋だった。バビロニアのハムラビ法典には、ビールについてのさまざまな取り決めが定められている。たとえば、「酒場の女がビール代金を穀物で受け取らず、銀で受け取るか、穀物の分量に比べてビールの分量を減らした場合は、その女は罰せられ水のなかに投げ込まれる」とある。当時、ビールの代金は麦で支払われていた。
・「古代の飲み物を探して」で紹介されている「イギリスの醸造会社セント・ピーターズ」のウェブサイトは www.stpetersbrewery.co.uk/

ワイン

・香料による味つけ――ギリシア人は一般にワインを香料で味つけし、海水や水で割って飲んでいた。ローマ時代に香料で味つけしたワインは〝ギリシア風〟と呼ばれ、ニガヨモギ、バラ、スミレ、ハッカ、サフラン、コショウなどがよく用いられた。博物学者プリニウスは、ミルラ樹脂、ケルトのナルド香油、アシ、天然のアスファルトなども加えたと記している。ワインに香料を加える風習はヨーロッパでは中世末まで続いた。
・甘口好きのローマ人――ギリシア人と比べてローマ人は甘口ワインがお気に入りだった。ギリシアでは強い酸味を残すためブドウは未熟なうちに摘まれたが、ローマでは霜が下りて実が堅くなるまで摘まないようにと言われた。ブドウ果汁を煮詰めたり、蜂蜜を加えるなどして、甘くすることも行われていた。もっとも、ガレノスが活躍する頃には〝渋い〟辛口ワインがもてはやされるようになった。ただどちらにせよ、高く評価されたのは赤ではなく、白ワインだった。
・「古代の飲み物を探して」で紹介されている南フランスの「マ・デ・トゥーレル・ワイナリー」のウェブサイトは www.tourelles.com/

蒸留酒

・生命の水――錬金術師たちは不老長寿の薬「エリクシール」を求めて、さまざまな物質を蒸留した。とりわけワインを蒸留したアルコール飲料は「生命の水（アックア・ヴィータ）」と呼ばれ、薬として各地に広がっていく。なお、蒸留酒を英語でスピリッツ（精神・魂）とする語源は、ギリシア語のプネウマ（精気）にある。蒸留酒はこうした精気の道具となって、体内の生理現象を司ると考えられたのである。

・ラムと砂糖と紅茶――ラム酒はアフリカの黒人奴隷と交換され、その奴隷がカリブ海・西インド諸島で栽培したサトウキビからラム酒が生まれた。こうした関係は、イギリスで紅茶に砂糖を入れる習慣が広がり、砂糖の需要が急速に高まることで、いっそう強化される。イギリスの産業革命を促した富の蓄積も、砂糖植民地なくしてあり得なかった。ラム酒と紅茶は、砂糖を介して歴史のなかで結ばれたのである。

コーヒー

・イスラムのコーヒーハウス――イスラムのコーヒーハウスは、チェスやバックギャモンを楽しむゲームセンターであり、音楽が演奏されるライブスポットでもあった。コーヒーを裁判にかけたハーイル・ベイは、この音楽の歌や演奏とそれが助長する馬鹿騒ぎにも気分を害した。音楽の官能は宗教的黙想とは相容れず、人々を堕落させる危険があると思われたのだ。おしゃべり、ゲーム、音楽……そんなざわめきと遊戯性にあふれた場所が元祖コーヒーハウスだった。

・コーヒーと女性——イスラムのコーヒーハウスもイギリスのそれも、男たちのものだった。だからこそロンドンのコーヒーハウスは、オフィス代わりとなり、金融革命の拠点となり、政治家や科学者たちが集う〝解放区〟となった。そのためコーヒーハウスはイギリス女性たちの支持を得られず（コーヒーは男性を不能にするとも非難された）、やがては女性にも愛された紅茶に屈したともいえる。一方、フランスではカフェは女性にも開かれた身近な場所であり、広く市民のあいだに定着し、市民革命の舞台ともなった。

茶

・西欧で初めて飲まれた茶——西欧に初めて茶を輸入したのはオランダであり、それは日本の緑茶だった。オランダ東インド会社が一六〇九年、日本の平戸に来航して、翌一〇年から茶をヨーロッパへと運んでいたのである。ちなみに、当時の茶会では取っ手のない茶碗に茶が注がれたが、熱くて持ちにくいので、冷ますために受け皿に少しずつ移し替えられた。そうして、この受け皿からずずっ〜と大きな音を立ててすすって飲むことがステイタスだった。

・朝食の変化と時間管理——イギリスの食文化は、十八世紀初期に大きく変わった。従来のミルクや乳製品、ビール（エール）、トースト、冷肉といった朝食に代わり、ティーとバターつきパンというイングリッシュ・ブレックファーストも普及していった。手間がかからず、カフェインで目覚め、砂糖を入れればカロリー源にもなるこの朝食は、まさに産業革命下の工場労働者にぴったりの飲み物だった。それは同時に、仕事のあいまのティー・ブレイクとともに、紅茶に支えられた〝勤勉な時間管理〟が始まったということでもある。

コカ・コーラ

・神経強壮薬――十九世紀末のアメリカでは急速な工業化・都市化が進み、その影響で神経症になる者も多かった。「神経衰弱」という用語が一八八〇年代に生まれたように、一種の文明病であったわけだ。当時、コカ・コーラが、「飲んだ者を明るく元気にする飲み物……すべての神経性疾患の治療薬でもある」と謳われたのには、こうした背景がある。同時代、ジグムント・フロイトはコカの作用に注目し、『コカについて』という本を著している。

・コカ・コーラ大佐――第二次大戦中、コカ・コーラの社員は「技術顧問（T・O）」の地位を与えられ、世界中へ派遣された。このT・Oとは、機械修理工など戦争に貢献する特別な民間人に与えられた肩書きであり、陸軍の軍服を着込み、T・Oの肩章をつけていた。給与も軍から支払われていた。コカ・コーラは、まさに軍の厚遇を受けて世界中に広がったのである。

・「古代の飲み物を探して」で紹介されている「キュリオシティ・コーラ」のフェンティマンズ社のウェブサイトは www.fentimans.com/

参考文献

春山行夫『春山行夫の博物誌6　ビールの文化史』（平凡社）、ヒュー・ジョンソン『ワイン物語』（小林章夫訳・日本放送出版協会)、(社) アルコール健康医学協会編『世界の酒の履歴書』(同協会)、角山栄『茶の世界史』(中公新書)、ジョン・コークレイ・レットサム『茶の博物誌』(滝口明子訳・講談社学術文庫)、川北稔『砂糖の世界史』(岩波ジュニア新書)、臼井隆一郎『コーヒーが廻り 世界史が廻る』(中公新書)、ワインバーグ&ビーラー『カフェイン大全』(別宮貞徳監訳・八坂書房)、マーク・ペンダグラスト『コカ・コーラ帝国の興亡』(古賀林幸訳・徳間書店) ほか

さて、先史時代から現代まではるかな飲み物の旅路を平易な日本語で導いてくれたのが、翻訳者の新井崇嗣さんである。原著でわかりにくい部分は著者にも幾度か問い合わせていただくなどして、円熟した訳文を仕上げていただいた。トランネットの新矢隆さんには訳者を仲介いただき、お世話になった。また、表紙の味わいあるイラストを描いていただいた佐々木悟郎さん、ありがとう。あとは本書が、多くの方々の手に渡り、読書するよろこびをともに分かち合えることを願っている。傍らにお気に入りの飲み物をたずさえて！

本書出版プロデューサー　真柴隆弘

著者

トム・スタンデージ　Tom Standage

歴史家。『エコノミスト』誌のエディター。著書は本書のほかに『The Victorian Internet』『The Turk』『The Neptune File』など（いずれも未邦訳）。本書は15ヵ国で刊行されている。また、『The Victorian Internet』は、同書をもとにしたドキュメンタリー番組が英国でつくられた。『ガーディアン』『デイリーテレグラフ』『ワイアード』など、多くの新聞・雑誌にも寄稿。ロンドン近郊の街、グリニッジに在住。

関連サイト
www.tomstandage.com/

訳者

新井 崇嗣（あらい たかつぐ）

翻訳家。中央大学法学部卒業。メンフィス大学英語学部言語学科修士課程修了。主な訳書に『心のウラを見抜く技術』、『禁煙バイブル』、『スカー・ティッシュ — アンソニー・キーディス自伝』、『フットプリンツ — 評伝ウェイン・ショーター』、『スウィート・ソウル・ミュージック』など。

図版クレジット Art credits

Page 19,the University of Pennsylvania Museum;the original object is in the Iraq Museum(IM#25048).Page 41,created by the author.Pages 39, 44 and 52, © the Trustees of The British Museum.Pages 73 (engraving based on bust in the Uffizi Gallery,Florence),87, 105, 159, 164, 181, 182, 191, 200(engraving after Sir Peter Lely), 205, 218, 229 and 237 (engraving by W.Holl after a picture by Gilbert Stewart),the Mary Evans Picture Library.Pages 135 and 136, North Wind Picture Archives.Pages 250, 255, and 264, courtesy of The Coca-Cola Company.Page 272, Vice President Nixon in Russia and Poland 1959(photos);Series 1959 U.S.S.R. Trip Photograhs;Pre-Presidential Papers of Richard M.Nixon;courtesy of the National Archives-Pacific Region(Laguna Niguel) .

世界を変えた6つの飲み物

ビール、ワイン、蒸留酒、コーヒー、紅茶、コーラが語るもうひとつの歴史

2007年3月20日　第1刷発行
2007年9月20日　第2刷発行

著　者　トム・スタンデージ
訳　者　新井 崇嗣
発行者　宮野尾 充晴
発　行　株式会社 インターシフト
〒156-0042　東京都世田谷区羽根木1-19-6
電話 03-3325-8637
www.intershift.jp/
発　売　合同出版 株式会社
〒101-0051　東京都千代田区神田神保町1-28
電話 03-3294-3506　FAX 03-3294-3509
www.godo-shuppan.co.jp/
翻訳協力　株式会社トランネット www.trannet.co.jp/
印刷・製本　モリモト印刷株式会社

表紙イラスト　佐々木 悟郎
装丁　織沢 綾

定価はカバーに表示してあります。
落丁本・乱丁本はお取り替えいたします。
Printed in Japan
ISBN 978-4-7726-9507-7